**国家质量基础设施（NQI）系列研究丛书**

测量 ——从自然科学到 社会科学

[英]大卫·J.汉德 著

中国计量科学研究院 译

中国质量标准出版传媒有限公司

中国标准出版社

北 京

本书系国家重点研发计划"国家质量基础多要素综合应用示范及体系架构演进研究"（项目编号：2019YFF0216800）课题五"新形势下中国 NQI 治理体系新架构与服务模式演进研究"（课题编号：2019YFF0216805）的研究成果。

国家质量基础设施（NQI）系列研究丛书说明

　　国家质量基础设施（NQI）系列研究丛书由中国计量科学研究院组织翻译和编写。丛书主要关注 NQI 的作用机理与经济效益、NQI 治理模式的国际比较、NQI 与营商环境改善、国家质量政策（NQP）的制定与实施、中国 NQI 实践与治理体系改革、NQI 综合应用与典型示范，以及计量、标准、认可、合格评定和市场监管等 NQI 要素的专门研究。丛书及相关研究得到国家重点研发计划项目"NQI 作用机理及评估技术研究"、中国工程院重大咨询项目"中国标准 2035"子项目"支撑高质量发展标准化体系的质量基础设施战略研究"和国家市场监督管理总局政策研究课题"标准、计量、认证认可和检验检测的一体化改革研究"的支持。

　　中国计量科学研究院是中国的国家计量院，是中国最高的计量科学研究中心和国家级法定计量技术机构，担负着确保国家量值统一和国际一致、保持国家最高测量能力、支撑国家质量发展、应对新技术挑战等重大使命。作为中国 NQI 重要的核心机构，中国计量科学研究院一直致力于中国 NQI 的建设和发展，为国家质量战略提供决策咨询，为社会和企业的质量提升与创新提供技术服务。我们希望，丛书所呈现的知识观点和表达的思想理念能够为中国 NQI 治理体系改革和质量强国建设贡献智慧。

丛书主编

测量
——从自然科学到
社会科学

译 者

方　向

于连超

宫轲楠

黄怡璠

译者序

　　测量是将客观事物数据化的过程，人类通过测量观察世界，并塑造了现代世界观。没有测量，就没有科学。"可测量性"是整个近代科学的第一原则，开尔文曾以非常武断的口气表达了这一原则："如果你不能用测量数据说话，就请闭上你的嘴，因为你没有资格称自己是科学的。"时至今日，测量被视为适用于所有科学的一门学科，没有测量的学科，都没有资格被称为科学的学科。

　　测量起源于自然科学，而后应用于社会科学，这与表征测量与实用测量的发展有密切关系。表征测量需要解决数与测量对象特性之间的对应问题，即赋值体系问题。针对不同测量单位，可以有无穷多个赋值体系，不同的赋值体系可以相互转换。而实用测量则是设计一种能够捕捉到所关注特征本质的测量程序，实用测量能够同时定义和测量该特征。可以说，表征测量是建立在已观察到的实证关系模型基础上，而实用测量则是建立在构建兴趣属性基础上，大多数测量程序均有表征性和实用性两个方面。

　　随着历史的发展，测量与科学的关系变得更加复杂，不同学科对测量的要求不尽相同，两者之间相互促进，共同发展。测量在物理学和工程学上都有大量和长久的应用，如长度测量、面积测量和体积测量。在这些学科的发展过程中，往往会产生新的测量思想，而新的测量思想又是学科发展的基础。生命科学的长足发展对测量提出了更大挑战。生命科学和医学领域的测量往往会和统计学结合在一起，由于生命体的复杂性和多样性，加之生物系统与其外部环境以复杂方式相互作用，不断发生变化，生物有机体的测量通常是量值分布。今天，生命测量和表征技术为探索生命密码提供了有力工具，是人类非常期待的创新性技术。

测量从自然科学走向社会科学，经历了被怀疑到被认可的转变。在行为科学领域，心理学中的测量概念也曾备受怀疑。正是因为心理测量的难度很大，该领域也成为大量研究的关注重点。心理学家发明了多种测量工具，从简单的自我管理问卷到广泛的结构化面试。如果说测量的起源在于满足对诸如质量和长度等基本物理概念的需要，那么测量技术的创新发展在很大程度上则归功于社会领域各个方面对测量的需求。社会领域的测量涉及主题广泛，它能够为政府管理、教育卫生、金融资本、商贸往来、交通运输、安全健康、国际关系、劳资关系、社会科学研究等诸多领域提供数据支撑。数字化时代，测量将无处不在。

《测量——从自然科学到社会科学》一书对测量的起源、发展及其在各类科学领域中的应用进行了深入浅出的介绍。通过阅读本书，读者能够对测量形成较为全面的认识。无论是在自然科学，还是在社会科学中，人类都可以将复杂的事物映射到简化的、可以用测量定义的模型上，进而实现对世间万物的探索、理解和预测。正如本书作者在结尾处引用卡尔·皮尔逊所言："量化是科学方法不可或缺的一部分。它的吸引力来自它的客观性、纪律性和规则性。利用这些材料，科学创造了一个世界。"

"遂古之初，谁传道之？上下未形，何由考之？"从人类文明萌芽的结绳记事，到农耕社会的统一度量衡，到工业化时期的米制公约，再到今天的量子精密测量，计量始终是人类社会进步的底层驱动力。从计量到测量，从自然科学到社会科学，测量成为各门学科的必备要素，成为各类活动的必要手段，为人类文明进步提供科学依据。

译者

二〇二一年八月 于北京

目　录

致　谢

谨向以下人士表达我诚挚的谢意：雪莱·夏农、科莱特·鲍威、迈克·克罗，以及一名匿名读者。他们为本书早期初稿提供了极具帮助与建设性的意见。感谢拉莎·梅农认识到本书的必要性，并指导它走向出版之路。

插图明细

第1章

发展简史

为什么在所有伟大的工作中文员的职位都如此令人向往？为什么审计人员如此受欢迎？是什么原因让几何学家如此受人推崇？为什么天文学家会有如此大的进步？原因在于他们能掌握事物的数量，否则这将使人难以置信。

——罗伯特·雷科德（Robert Recorde，1540）

测量与人类文明一样古老。如果我们把农业的起源视作文明的开端，那么从字面上来说，确实是这样的，因为农业需要用测量来评估耕种土地与收割庄稼所需耗费的时间与人力。测量也是贸易的核心：我们需要知悉从交换中能得到多少金钱，手中的钱能购买多少啤酒，一段布料有多长，一块面包有多重，等等。此外，贸易又与结算紧密相关，若不能谨慎地控制收入与支出，任何商人都不可能获得成功。同样，建筑业也需要测量，若不能仔细地规划并测量石头的数量与尺寸，那么吉萨大金字塔也就不会出现了。此外，许多石头以极高的精准度组合在一起，所以需要非常精确的长度测量。测量还是导航的关键，比如航行需要几天的时间，朝什么方向行驶能够到达目的地等。

与常见的错误观念不同的是，古希腊人认为地球是圆的。正如亚里士多德（Aristotle）在公元前 350 年《论天》第二卷中所写："因为我们位置的微小变化……明显地改变了地平线，以至于我们头顶上星星的位置也会发生极大的变化。这证明了地球是球形的，且其圆周（circumference）

不大。"暂且不论地球的圆周是否如亚里士多德所说的不大，但是埃拉托斯特尼（Eratosthenes，约公元前 276—194 年）已经成功测量出了地球的周长。虽然他并不是第一个尝试测量地球有多大的人，但他是被公认为第一个成功测量出地球具体有多大的人。埃拉托斯特尼注意到，夏至那天，当西尼姆（即今天的阿斯旺）的太阳直射在头顶并无投射阴影时，它与亚历山大市的垂直角度为 7.2 度，且他认为亚历山大市位于西尼姆市正北方约 850 千米处（这里使用的是现代单位）。通过相对简单的三角学知识（当然，这里说的"简单"是指从现代的角度来看），他能够估算出地球的周长约为 45 000 千米（他当时使用的测量单位斯塔德的大小因无法考证，因此存在一些不确定性）。无论如何，这个结果已经非常接近地球真正的周长，即 40 000 千米。

自然界物体的物理尺寸常被用作测量的基本单位，因为它们通常具有大小大致相同的特性。例如，中世纪的英格兰用干燥的小麦粒作为重量①的基本单位，用人的中指最后两个关节之间的距离作为长度单位，英寻（fathom）则被设定为一个男人的身高，腕尺（cubit）则是一个男人前臂的长度（即从手肘到伸展的手指尖之间的距离）。

从以上例子我们可以看出，希腊哲学家普罗泰戈拉（Protagoras）的命题"人是万物的尺度"有时几乎从字面上就能够理解。从更普遍的意义上来讲，既然测量是为了促进人类交往互动并协助日常生活而产生的，那么测量单位通常是基于人类的活动也就不足为奇了。因此，举例来说，我们可以选择一个矿工一天挖矿的多少，一队牛一季所犁地的数量，一张弓射出箭的距离来作为测量单位。

可以通过取平均值得到基本单位的方式来解决自然界物体大小差异性所带来的问题。这里运用了一种统计现象，即物体样本平均大小的差

---

① 在自然科学中，质量（mass）和重量（weight）各自有不同的严格定义。由于重量和质量之间成正比关系，在自然科学之外这两个概念经常被混淆。为确保本书的严谨性，译者对原文出现的质量、重量混用的情况进行了修正。——译者注

异性小于物体本身之间的差异性——因为平均而言，大的物体往往会平衡小的物体。这里有一个中世纪的例子，出自雅各布·科贝尔（Jacob Koebel）于 1570 年所著的《测量师手册》（见插图 1）："周日站在教堂门口，叫 16 个做完礼拜恰好经过此处的人停下来，不论高矮均可以。然后让他们将其左脚一个接一个地相接，将这样得到的长度作为测量和勘测土地标准合法的基本长度单位（即路得），而该长度的十六分之一则成为另一标准合法的基本长度单位（即英尺）。"

插图 1　通过安排 16 个人将脚前后相接的方式，来确定路得与英尺长度

克服自然界物体的差异性导致基本单位大小随机差异问题的另一种方法是采用更基础的物体。例如，在 1791 年，法国科学院（French Academy of Sciences）将米的定义（definition of metre）确定为从北极到赤道（circumference of the Earth）距离长度的千万分之一。然而，即使是这种方法也是十分武断的。地球并非一个精确的球体，其两极沿自转轴方向稍扁，这意味着最初测量得到的标准米比实际值要短一点点。因此，地球的周长并不是 4 000 000 标准米，而是 40 007 863 米。

一旦基本单位被选定，就可以用它来定义更大的单位：1 码是 3 英尺,1 英吨是 2 240 磅,以此类推。此外,通过划分基本单位,更精细的单位也可以得到定义:1 厘米是 1/100 米,1 秒最初被定义为一个太阳日的 1/86 400。

尽管通过取多个小物体的平均值来获取基本测量单位的方法可以得到更高的精准度,但仍然存在一些差异性。此外,显然这其中存在着巨大的任意性:如果缺乏基础的物体以供选择,那么就要采用其他测量系统。不同种类的农作物(如小麦)的种子大小尺寸不同、不同种族的人个子高矮也不相同,等等。鉴于此,历史上出现大量不同的测量系统也就不足为奇了。

这可能会导致困难的产生。这意味着一个村庄所采用的贸易货物体积或质量测量系统可能与另一个村庄的系统不兼容——这是贸易中明显存在的问题。简言之,我们可以说,基于各地不同单位的测量是无法传播的。

1794 年,亚瑟·杨格(Arthur Young)在其书中描述了自己 5 年前在革命前的法国旅行时遇到的这方面的烦恼。他写道:"无限混杂的测量系统已超出了所有人的理解能力范围。不仅每个省的测量系统各不相同,每个地区,甚至每个城镇的测量系统都不一样。"

甚至同一个名字可能意味着不同的意思。赫伯特·阿瑟·克莱恩(Herbert Arthur Klein)在对测量系统的历史调查中指出:"例如,巴黎公认的给定长度单位比波尔多长 4%,比马赛长 2%,比里尔短 2%。"而 J. H. 亚历山大(J. H. Alexander),在其 1850 年写的文章中,也提到了欧洲 110 个独立的埃尔(ell,旧时量布的长度单位)值。为了避免读者对自那以后我们所获得的成果感到自满,请回想一下,直到 1959 年各个国家关于码的长度规定也还不一样(1959 年国际上才将 1 码统一界定为 0.914 4 米)。即使是现在美国的英亩也比英国的英亩要大 0.024 平方米;美国的液体测量单位 1 品脱约合 473 毫升,而英国的 1 品脱则约合 569 毫升(这可能会对来英国的美国游客产生意想不到的结果)。

选择不同物体作为基本单位是造成这种多样性的原因之一，但有时基本单位并不是任何具有常规大小的自然物体，而是为某目的而创造的特定标准长度。举两个例子可以说明：一是在巴黎夏特莱大城堡墙上设置的突阿斯（toise，长度单位，约等于 1.95 米），是由铁制成的标准长度；另一个则是圣艾蒂安市政办公室持有的比歇（bichet），它是测量谷物体积的特殊容器。

造成多样性的第二个原因是，测量单位与被测量的物质有关，而非其物理性质。因此，尽管谷物、葡萄酒以及煤炭都是在测量体积，但它们各自有不同的测量单位。的确，对于所有物质，"体积"的概念各不相同是显而易见的——谷物可以堆在杯子里，而牛奶不能。这也解释了根据谷物的堆放方式是"堆积"起来还是"精梳"的，是"叠放"还是"平摊"的，存在着不同的谷物体积测量方法。

同样，如果要用作物产量或耕地所需的体力劳动来测量土地面积，那么肥沃的土地与贫瘠的土地所使用的测量单位似乎也会不同。

从现代的观点来看，很明显采用统一的测量系统会带来很多好处。正如法国哲学家和数学家孔多塞（Condorcet）在 1793 年所说："度量衡的统一只会使那些担心审判次数减少的律师以及那些害怕使贸易的运作变得容易和简单的商人感到不悦"。基于这些优点，测量系统的统一是不可避免的。然而，抵制创新似乎是测量技术的一个特点。如果它应用于物理测量，即长度、质量、体积的测量等，那我们将会看到它广泛应用于其他领域，比如心理学和经济学。

最早的统一物理测量系统的建议之一是在 1670 年左右提出的。当时加布里埃尔·穆顿（Gabriel Mouton）提出，法国的许多不同单位应以十进制（decimal system）表示，增加的单位以十进制的倍数来定义。但是，接受统一物理测量系统这个理念的速度非常缓慢，该测量系统花了 100 多年的时间才取代了法国的部分测量单位，而在世界范围内被广泛采用则花了更长的时间。事实上，在科学领域之外，一些国家（尤其是美国）仍然抵制这种统一化。在英国，经过 10 年的转换期后，自 2009 年 12 月 31 日起，英国商人在公制单位（metric units）旁边加注英制单位（磅和盎司）将构成非法行为。还要补充一点，有一些例外情况，比如啤酒和牛奶的容量用品脱（pint）来表示，贵金属的交易计量单位为金衡盎司（troy ounce）。这些例外情况的存在令人怀疑这个转换过程是否会完成。

在英国，公制化的 10 年过程中也曾发生一些意外事件。2002 年 2 月 19 日的《每日电讯报》（*Daily Telegraph*）报道称，在康沃尔郡卡姆尔福德（Camelford，Cornwall）经营鱼铺的约翰·多夫（John Dove）因以每磅 1.50 英镑的价格出售鲭鱼而被判有罪。同样来自卡姆尔福德的朱利安·哈曼（Julian Harman）因以每磅 39 便士的价格出售抱子甘蓝也被判有罪。可以想象，当牢房里其他罪犯看到这些"恶棍"时的困惑表情。

虽然贸易是统一测量系统的主要动力之一，但是在最近几个世纪，推动测量系统统一的另一个重要动力是科学。科学也许是全球化最好的例子，不论研究人员是什么国籍，科学研究成果都可以在国际期刊上公开获得。但是，即使在科学领域，事情也可能出错：使用不同单位制导致严重后果的一个例子是 1999 年火星气候探测者号（Mars Climate Orbiter）的失事。当时一枚有问题的火箭被点燃，导致其在低于预期的高度接近火星，最终因为火星的大气压力发生解体。出错的原因是力（force）的单位使用了磅力，而不是预期的牛顿（N），而 1 磅力约等于 4.45 牛。

在 1960 年的第 11 届国际计量大会（General Conference for Weights and Measures）上，国际单位制（SI）被引入。它由 7 个基本单位组成，分别为长度单位（米，m）、质量单位（千克，kg）、时间单位（秒，s）、电流单位（安培，A）、热力学温度单位（开尔文，K）、物质的量单位（摩尔，mol）和发光强度单位（坎德拉，cd）。另外 22 个导出单位被定义为这 7 个基本单位的幂（power）和组合。例如，赫兹（Hz）

是频率的单位，被定义为秒$^{-1}$（即单位时间内完成振动的次数）。焦耳（J）是一个能量单位，被定义为千克·米^2·秒$^{-2}$。较小和较大的单位被定义为十倍或十分之一于其他单位的倍数，并通常具有特定的前缀（例如，千是$10^3 = 1\,000$；微是$10^{-6} = 1/1\,000\,000$）。值得注意的是，国际单位制是一个不断发展的体系，而不是一套固化的体系。在测量技术进步的同时，新的单位和前缀也不断被界定。

一旦指定了基本单位，我们就可以对其进行复制，并将其传播到世界各地。给出标准单位尺寸的物体，如突阿斯和比歇，称为标准器（etalon），来自法语中的 étalonner，意思是校准。就"米"而言，国际计量局（International Bureau of Weights and Measures）制作了一个铂铱合金棒，并为签署米制公约（Metre Convention）的国家制作了副本。该棒在标准大气压下处于0℃时，两个划痕之间相距1标准米。类似的铂铱合金标准器被制作出来作为标准千克原器。

隐含在标准器中的意义在于它们的长度或质量保持恒定。铂铱合金是一种特别坚硬且非活性的合金。尽管如此，所有的实物均难逃时间的破坏，即使有些实物的变化比其他物体要慢得多。对于千克的标准器来说，即使它被置于3个钟形罩中以保护它不受外界的影响，极小的微量物质还是会沉积在标准器上，并且随着时间的推移无限增加其质量。同样，长度棒即使保存在恒定条件下，在长时间以后也会产生细微的收缩。当然，这些变化的程度很小，对多数的应用场景不会产生太大影响。但在一些科学应用中，百万分之一甚至十亿分之一的变化也是至关重要的。

由于所有实物在测量时均存在缺陷，因此替代方法就是以更根本的方式来定义标准单位。在20世纪上半叶，人们的注意力转向了使用给定频率的波长计数来测量长度。单色光的波长永不改变，据此人们提出了一系列测量方法，包括基于镉的红色光谱发射线（波长为6.44×10^{-11}米，即644纳米）和氪-86的橘红色光线。从形式上讲，以这种方式定义的米等于真空中辐射波长的 1 650 763.73 倍，与氪-86 原子在 $2p^{10}$ 和 $5d^5$ 能级之间的跃迁相对应。但是，即使是这个定义也有其缺点。1983 年，米被重新定义为"光在真空中在 1/299 792 458 秒内所运行的距离"。

从这段历史可以明显地看出，随着时间的推移，测量程序需要越来越高的精度。这是一个普遍的原则：对于某些用途，粗略的测量就足够了，但是新的应用通常需要更高的精度。导航的发展就可以说明这一点，当漫长的海上航行变得越来越普遍时，对经度（longitude）与纬度（latitude）的精确测量就变得至关重要。

纬度可以通过把纬度与一年中某个给定时间的中午的太阳偏角相关联来进行测量。但在纬度测量中，1 度误差意味着 100 千米以上的位置误差，这意味着精确的角度测量是非常重要的。

测量经度需要使用另一种方法。它需要计算出格林尼治子午线中午和所在位置中午之间的时间差（因为根据此时间差，可以知道地球在以上两个时区之间的自转程度，从而计算出两个位置之间的角度，以及两个位置在地球表面的距离）。要做到这一点，我们需要精确地测量时间，例如使用一种即使在海上受到猛击，也可以长时间保持标准时间的时钟。这种需求激发官方设置了一系列奖项来鼓励人们解决这一难题，其中就包括 1567 年西班牙国王腓力二世、1598 年西班牙国王腓力三世和 1714 年英国议会颁发的奖项。

提高精确度的第二个驱动因素是工业革命。更精密的机器需要更精确的制造零件，否则机器就会停止运转。这种精确度是建立在精确测量的基础上的。而且，为了避免我们认为它仅仅与机械发明有关，同样的论点也适用于化学制造（精确的数量、成分纯度等）和其他工业过程。

提高物理测量精确度的第三个驱动因素是科学的进步。根据定义，科学进步需要突破知识的边界，而这正是物理现象最难以辨别的地方。信号可能与噪声的幅度相似，因此测量前者需要非常精确和灵敏的程序。一个经典的例子是 19 世纪晚期冥王星的发现（discovery of Pluto），即在测量天王星轨道（orbit of Uranus）扰动的基础上发现了冥王星。

更复杂的测量

目前，我们只讨论了相对简单的物理测量。虽然这些构成了测量的起源，但它们仅仅只是一个开始。

测量一个物体的质量在原理上很简单：我们把这个物体放在一个秤盘上，然后找到与之平衡的单位质量物体的数量。同样，测量一个物体的长度也很简单：以直线首尾相连的形式放置单位长度标尺（如 1 英尺长），从物体的一端到另一端，我们可以看到单位长度标尺的数量。然而，即使是简单地测量质量与长度，还是有问题无法解答，例如我们应该如何测量摩天大楼的质量，或者地球到太阳的距离？显然，这些测量需要采取更复杂的方法。

部落领袖也许知道在其部落中的每个人，因此不需要诉诸计数或复杂的人口普查（census）来了解受其命令支配的人力资源。但是，较大群体的统治者（如国王或皇帝）需要客观的定量方法来确定他们预期能带来多少税收，或者他们能领导多少人的军队。

在 18 世纪，尽管没有客观证据，但人们对人口数量的下降感到担忧。孟德斯鸠（Montesquieu）在 1721 年写道："经过对当时情况的精确计算，我发现地球上的人口不到古代人口的十分之一。如果（人口数量）继续减少下去，那么 10 个世纪后地球将成为一片荒漠。"

确定人口规模的一种简单的解决办法是对人口进行统计，即实施人口普查，但这项工作却远没那么简单。首先，它要求人们在统计过程中在原地待命，这样他们就不会被忽视或被重复计数。其次，另一个问题是，人口群体是变化的。人们会在不同国家之间迁徙、死亡、出生。现代人口普查是非常复杂的工作，耗资可达数亿美元。

鉴于以上原因，评估人口规模的新方法必将被开发。一种常用的策略就是使用倍增因子（multiplication factor）。举例来说，一个地区的壁炉数量通常代表着当地家庭的数量，也可据此来征收地方税。如果每个壁炉为大约 5 个人服务，那么可以通过将壁炉的数量乘以 5 来估计人口总数。同样地，从教区的记录中提取出某一年的出生人数，再乘以 25，就可以估算出该地区的人口总数。读者显然会质疑这些方法的准确性：如对选择乘数因子依据的质疑，抑或是一些人可能会尽量避免被包括在与税收有关的记录中，或者出生记录不可靠等。这些问题并非仅仅只存在于古代，联合国儿童基金会（UNICEF）2013 年的一份报告指出，近 2.3 亿 5 岁以下的儿童从未被出生登记过。

人口规模的例子指出了一些更深层次的问题。一个城镇或国家的人口并不是居民个人的属性，而是城镇或国家的属性。它具有如下特征：高层次实体是由低层次的实体聚合而成。从这个角度来看，很明显只有在更高层次上才会出现聚合现象的各种其他特征。例如，一个城市的犯罪率和一个国家的失业率。事实上，有人认为这些测量概念的发展是"社会"这一概念产生的驱动力之一。正如肯·奥尔德（Ken Alder）所说："测量不仅仅是社会的创造，它也创造了社会。"这是一个重要的理念，因为它让我们第一次看到了测量的非凡能力：新概念的产生需要测量，而这些概念又是新定义对象的属性。

从测量具体的属性（如长度和质量）到测量特征（如犯罪率），这可能是增加测量抽象性的第一步。例如，在社会和经济领域中，我们可以考虑通过国内生产总值（GDP）、国民总收入（GNI）及通货膨胀（inflation）率来衡量经济进步。显然，测量这类属性所需的程序与长度测量或质量测量非常不同。至少，我们不能设想出一个通货膨胀基本单位，可以将它的多个副本以首尾相连的方式（像长度测量那样）来测量，或是放置在天平上（像质量测量那样）来测量英国的通货膨胀率。测量这类属性需要采取一些不同的、更先进的方法。

对所需内容的思考表明，隐含在许多测量程序中的内容恰好是对所测量内容的确切定义。在这种情况下，"被测对象的属性"及其"测量方式"这两个概念是同一枚硬币的两面。诸如通胀指标之类的价格指数清楚地说明了这一点。有许多不同的价格指数：如美国有消费者价格指数（CPI）和城市消费者的居民消费价格指数（CPI-U）、工人和职员的居民消费价格指数（CPI-W）等，而在英国则有消费者价格指数、经调和消费者价格指数（CPIH）、零售物价指数（RPI）和杰文斯法零售物价指数（RPIJ）。这些不同的测量指标在许多方面有所不同，包括其适用的人口、构成整体测量的商品和服务以及不同组成部分在统计上的结合方式。这些差异不足为奇，不同的测量方法是为了不同的目的而制定的，有些指标是作为生活成本指标，而另一些是作为宏观经济指标，等等。

在长度和质量的测量中，我们将数字分配给不同的对象，以便使数字之间的关系对应于对象之间的关系。例如，如果一个对象比另一个对象重，正如它使天平倾斜的事实所表明的那样，我们给这个对象分配一个更大的质量数字。如果两个对象恰好平衡了第三个对象，我们便给这三个对象分配数值，使两个对象的和等于第三个对象。这种测量方法被称为表征测量（representational measurement），在这种测量方法中用数字之间的关系来表示对象之间的关系。

反之，对于社会科学和经济领域而言，我们构建了另一种测量方法（例如，根据人们购买的商品的价格），它具有符合我们预期用途的某种属性。这种测量方法被称为实用测量（pragmatic measurement）。实用测量也可以应用于社会经济领域以外的许多其他领域。例如，在心理学中经常要测量主观现象。以疼痛量表（pain scales）为例，于我而言，判断你感觉到的疼痛程度最显著的方法就是对你进行询问。然而，正如我们所看到的，简单地询问别人会导致不准确的结果。为此，人们投入了大量的研究工作来开发对诸如疼痛、抑郁、幸福感、生活质量等现象的准确而可靠的测量，目前已经出现了许多测量方法以供使用。显然，这些测量方法都非常实用：例如，对幸福的定义和测量幸福的方法是紧密相连的。

许多测量程序都结合了表征测量和实用测量的概念，因此最好将以上观点视为一个连续统一体的两个极端，特别是医学领域广泛采用以上两种测量概念。一方面，有用力呼气量（forced expiratory volume，FEV）这样的测量方法，用力呼气量是一个明确测量某人在强制呼气时能呼出多少空气的指标。这显然是一个表征测量方式，它是从物理现象到数字的直接映射。另一方面，有类似阿普加量表（Apgar scale）的指标，用来评估新生儿的状态。这一指标被定义为 5 个因素的总和，即肤色、心率、对刺激的反应、四肢肌张力和呼吸速度，每个因素得分分别为 0、1 或 2。很明显，对阿普加量表标准的测量对象的定义及其测量方式实际上是相同的，即一种为特定目的而设计的实用测量，而不是将某一个方面映射为数字表征的表征测量。

我们已经意识到测量是如何涵盖人类利益的全部范畴的：从简单的物理现象到社会结构，再到理解人脑以及人们的想法和经验。与所有技术领域的发展一样，测量技术的进步也并非没有阻力。在物理测量方面，罗伯特·哈林顿（Robert Harrington）于 1804 年写道："在这种性质的实验中，这种对精确的伪装真的很可笑！总有一天，他们会告诉我们月球的重量（weight of Moon），甚至会告诉我们打兰（dram）的重量，吩（scruple）的重量，以及格令（grain）的重量……"[①] 又如医学和心理测量（psychometric measurement）的例子，理查德·施莱奥克（Richard Shryock）曾说："被宣称的如歌德（Goethe）般受人尊敬且权威的测量，可以严格地用于物理科学中，但当测量应用于生物现象、心理现象和社会现象时，则必须避开那些将其简化为定量抽象之人的世俗

[①] 打兰、吩、格令均为英制或美制单位。——译者注

之手。"尽管人类在各个领域的努力都取得了惊人的进步，但在某些领域，这种阻力仍然存在。人们常常错误地认为，测量所带来的额外信息在某种程度上降低了我们对经验的理解和深度。

20 世纪上半叶，我们见证了一场关于测量本质的激烈辩论。这一时期，关于统计方法和测量之间的关系也有一次激烈的争论。如果一种测量方法不符合将对象组合在一起的自然方式（例如，把两个"智力"放在一起和把两个对象放在磅秤上是不一样的），那么当我们计算平均智力时将数值加在一起又有什么意义呢？我们将在第 7 章更详细地讨论该问题。

尽管我举了一些人们很难接受测量技术发展的例子，但也有很多反例。1891 年，开尔文勋爵（Lord Kelvin）［威廉·汤姆森（William Thomson）］有句名言："我常说，当你能测量你所谈论的东西，并用数字来表达时，你就对它有所了解；但是，当你不能测量它，又不能用数字来表达它时，你对它的了解是微不足道的。"最近，心理学家唐纳德·拉明（Donald Laming）写道："如果相加得不到总和，科学就是错误的。如果没有总和可加，就没有人能说出科学是对还是错。"

但有一件事很清楚，那就是测量的概念无处不在，甚至在我们的语言中也是如此。当我们谈及对一个人的"测量"时，主要指向他 / 她的体格特征，尤其是对多数人最合理的取值。我们会测量人的寿命、身高、饮食的有效性（effectiveness）、旅行的距离及其所花费的成本。现代世界观是建立在测量框架之上的，测量既反映了自然界的结构，又把结构加于自然界之上。可以说，我们是通过"测量"这副眼镜来观察世界的。

第2章

什么是测量？

在第 1 章中我们可以看到，测量程序可以放在一个连续统一体之上，这个连续统一体从一端的表征测量延伸到另一端的实用测量。极端的表征测量涉及建立一个从对象及其关系到数字及其关系的映射。实用测量则是设计一种能够捕捉到所关注的特征的本质的测量程序，因此实用测量能够同时定义和测量该特征。我们几乎可以说表征测量是建立在已观察到的实证关系模型基础上，而实用测量则是建立在构建兴趣属性的基础上。大多数测量程序均有表征性和实用性两个方面。

值得注意的是，即使是对物理属性的测量也会涉及实用方面，此类测量及其在科学、工程和一般生活中的应用都需要选择一个单位。自然界中没有任何东西允许我们在测量单位之间进行选择，所以选择必须基于实用主义的考虑。举一个夸张的例子，如果想要研究儿童时期的饮食对其成人后身高的影响，实用主义不会引导我用光年作为单位来测量身高，因为即使是 0.000 000 000 000 000 027 光年（即以光年为单位的 1 英寸 [①]）的差异也具有意义。

在其他章节中，我们将会列出许多位于该连续统一体不同端点上测量程序的例子。但，首先为了更全面地理解这些例子，我们将更深入地研究测量在表征性和实用性方面的特征。

[①]　1 英寸≈0.025 4 米。——译者注

表征测量

为了说明表征测量如何将数字分配给测量对象，以使数字之间的关系与对象之间的关系相一致，我将用简单的物理长度测量作为示例，特别是，为了去除不相关和可能混淆的细节，假设我们有一组木棍（这些是测量对象），希望找到代表它们长度的数字。

我们注意到的第一件事是，如果把每根木棍的一端放在墙上，使它们垂直地从墙上伸出，那么有些木棍会比其他木棍伸得更远。我们意识到有些木棍比其他的长，因而可以给木棍分配数字，这样伸得更长的木棍就会被分配到更大的数字。我们已经用所分配的数字顺序关系来表示了木棍之间长度的顺序关系。

进一步来讲，我们可能会注意到，如果把两根较短的木棍首尾连接（concatenation）地排成一条直线从墙上伸出，它们将与一根较长的木棍所伸出的距离相同，也就是两根短木棍首尾连接的连接长度与长木棍的长度相同。然后，我们可以为木棍集合中任意 3 个一组的木棍选择一些数字，以使两个较短木棍所分配到的数字之和等于较长木棍所分配到的数字。

事实上，我们可以选取集合中最短的木棍，并确定需要多少个短木棍的副本以首尾连接成一条直线的形式与要获取的任何其他木棍（至少近似地）伸出的距离相同。然后，我们可以给任何一根木棍分配一个数字，这个数字等于能伸出相同距离的较短木棍的数量，并把这个数字称为测量的长度。插图 2 所展示的是一组古氏积木（Cuisenarie rods），可以用此种方式来引入长度测量的概念。

通过这种方式，我们构建了一个木棍的数字表示体系，该体系具有以下属性：（a）较长的木棍分配有较大的数字；（b）分配给一组相互连接的木棍的数字相加之和等于分配给伸出相同距离的较长木棍的数字。如果这听起来很理论化，我们可以给最短木棍的长度起个名字，并把它称为测量长度的基本单位（比如 1 英寸），读者可能会认为这是测量物

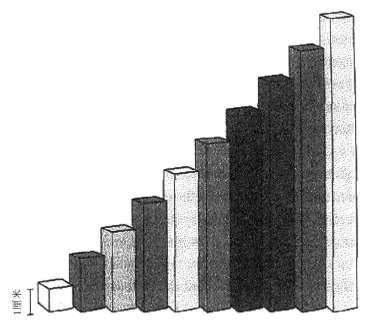

插图 2　古氏积木用于展示如何将首尾连接映射为加法

体长度的基本步骤，只需看看基本单位（如 1 英寸）有多少份基本单位副本就可以延伸到我们想要测量的范围。

但请注意，这种表征并不是唯一的。如果我们找到另一个比之前使用的最短木棍还要短的木棍，那么就可以采取同样的操作并分配给其一组不同的数字，使其也具有属性（a）与属性（b）。然后我们又可以将该新的最短木棍进行命名，比如说 1 厘米。

通常，针对每一个不同的基本单位，可以制定出无穷多个赋值体系。而所有这些体系又都是同样合理的，因为它们都具有（a）和（b）这两个属性。

读者可能已经发现，不同的赋值体系之间的联系非常简单：可以通过将一个体系中的所有数字乘以一个固定值从而转换成另一个体系。例如，假设用英寸作为长度的基本单位来分配数字，如果我们用厘米作为基本单位，那么为了得到所指定的数字，所要做的就是把所有的数字乘以 2.54，也就是 1 厘米长的木棍延伸至 1 英寸长时所需的木棍数量。

因此，如果一根棍子有 10 英寸长，我们要做的就是乘以 2.54，亦即有 25.4 根 1 厘米长的木棍。

可见，乘以一个正的常数可以实现基本单位的尺度转换（rescaling transformation）：例如，如果将我们原来的测量单位（英寸）乘以 12，就可以将其转换为英尺。就长度测量而言，之所以单位之间能进行尺度转换或称容许转换（permissible/admissible transformation），是因为它们引导我们从一个合法数值表征转向另一个合法数值表征。此处的合法意味着数字表征具有属性（a）和（b）。通常，容许转换只是数字之间的转换，而这些转换会产生新的数字集，且这些数字集与原始数字集具有相同的关系，因此它们也能准确地表示出实证关系。

由此还可以看出，并非所有转换都能保持数字关系不变，所以并不是所有的转换都是合法的。例如，用数字的平方来替换数字是行不通的。假定我们有 3 根经测量后长度分别为 1 个单位、3 个单位以及 4 个单位的木棍（同样，如果你喜欢，单位也可以假设为英寸）。如果将以上数字进行平方，我们就会发现数值大小顺序没有改变（1＜9＜16），但是加法等值关系则发生了改变（1+9≠16）。对于长度测量来说，平方是不合法的。

测量系统（如长度测量系统）中单位的容许转换是非常重要的。它们在物理科学中无处不在（如质量、重量、时间间隔、速度等），并且是最早被采用的测量系统。由这类体系产生的测量尺度被称为比例尺度（ratio scales）：两个长度的比例无论用什么单位表示，都是相同的。一根 3 英寸的木棍和一根 4 英寸的木棍的长度之比为 3/4＝0.75，与把每根棍子的长度换算成厘米时得到的比值相同（用每根棍子的长度乘以 2.54），即 7.62/10.16＝0.75。

但是，并非所有的测量系统都是这样。下面用一个简单的例子来证明。1989 年 2 月 8 日的《每日电讯报》评论说："昨天伦敦的气温是 55 华氏度（℉），即 13 摄氏度（Celsius scale，℃），是 2 月份平均气温的 3 倍。"综合考虑这些信息，你可能会问 2 月份的平均气温是多少?

很明显，2 月份的平均气温是给定温度的三分之一，即 55 ℉ /3= $18\frac{1}{3}$ ℉或者 13℃ /3= $4\frac{1}{3}$℃。但问题是，$18\frac{1}{3}$℉低于冰点，而$4\frac{1}{3}$℃高于冰点。

出现这种问题的原因在于，华氏温标（Fahrenheit scale）和摄氏温标（Centigrade scale）之间的单位转换并不能保持实证关系，所以对这些温标来说，单位转换是不合法的。从一个温标转换至另一个温标需要更精确的变换。这里会涉及一个标尺的转化：在华氏温标下，水的冰点和沸点之间相差 180 度，而在摄氏温标下差距只有 100 度，所以摄氏温标中的 1 摄氏度相当于 1.8 倍的华氏度。此外，还有一个基准点的变化（水的冰点是 32°F，即 0℃）。这意味着，要从华氏度转化到相对应的摄氏度，应同时对不同大小的温度值和不同的基准点进行校准。

首先，要减去水的冰点温度，以使基准点相同（即等于 0）；然后，考虑到两个温标体系内不同度数的大小不同，需乘以一个适当的系数。最后将水的冰点重新加回至新的温标，因此从华氏度到摄氏度的变换步骤如下：

减去华氏度温标体系下水的冰点：（t-32）

在不同大小的温标度数之间进行转化：（t-32）× 100/180

在摄氏度温标体系中加入水的冰点：（t-32）× 100/180+0（摄氏温标下水的冰点为 0℃）

最终得到将华氏度温标 t 转换为摄氏温标时的公式是：

$$（t-32）× 100/180$$

简化后的近似公式为：$0.556 × t-17.778$

这个公式是一个线性变换定义（definition of linear transformation）的例子。它加上了一个常数（-17.778）并乘以单位转换系数（0.556）。线性变换定义中允许转换的测量尺度被称作区间尺度（interval scales）。对于区间尺度而言，在已分配的数字之间增加一些差异仍然会保持原来的实证关系：如果对象 1 比对象 2 要热 x，且对象 2 比对象 3 热 y，那么对象 1 比对象 3 要热 x+y（x、y 的单位均为华氏度）。这组加法关系在摄氏度温标下同样适用。这就解决了原来例子中出现的问题：当除以 3 得到 2 月份的平均值时，我们必须避免直接将基数除以 3。因此，在华氏度温标下，2 月的平均气温不是 55/3 华氏度，而是（55 ℉ - 32）/ 3 + 32 = 39.7 ℉；而在摄氏度温标下，2 月份的平均气温则是（13℃ - 0）/ 3 + 0 = 4.3℃，这样两者就是相符的，因为 0.556 × 39.7 - 17.778 = 4.3（可见，这是高于冰点的温度）。

从这个例子中还可以看出，比例尺度是区间尺度的一种特殊形式，无论单位是什么，要添加的常数都是 0。换句话说，比例尺度适用于那些有自然零点的系统。例如，长度和质量均有一个零值，而低于这个值是不可能的。

举这个温度例子的目的是表明并非所有的测量都具有比例尺度的形式。这意味着测量的内涵以及可测量的范围扩大了。

最早认识到这一点的研究人员之一是心理学家史蒂文斯（S. S. Stevens），他界定了 4 种测量尺度：

● 名目尺度（nominal scales），其数值所反映的唯一实证属性是对象具有不同的属性价值。头发颜色是这种属性的一个例子：金色、黑色、棕色、红色没有自然的顺序，因此不能说一种颜色"大于"另一种颜色；也不能将头发的不同颜色连接起来。有些人认为，由于名目尺度的局限性太多，因此不能被视作严谨的测量术语。

● 顺序尺度（ordinal scales），由数字间关系表示对象之间（根据所讨论的实证属性）的唯一关系就是它们的顺序关系。例如，莫氏硬度（Mohs），根据物质刮伤或被刮伤另一种物质的程度，将 10 种物质从滑石粉（最软的）到金刚石（最硬的）进行了排名。从表征测量的角度来看，只有顺序属性表示物理元素的一个属性，并且任何一组具有相同顺序的 10 个数字均可以被适用。将两个数字相加是没有意义的，因为连接不同物质来生成更硬的物质这一概念没有意义。新物质的硬度可以通过观察它们在这个标尺上的位置来测量。事实上，莫氏硬度用整数1到10（实用的选择）来表示从最软到最硬。另一个例子是海况量表（sea state scale），世界气象组织（World Meteorological Organization）定义了一个13个等级的尺度，范围包括从0级（风平浪静）到12级（飓风）。

- 区间尺度（interval scales），刚刚以温标的形式提及过，其中测量对象之间的顺序关系以及对象差异的连接都反映在数字关系之中。

- 比例尺度（ratio scales），这类尺度也已经提及，既包含了顺序关系，又包含了由数字间关系反映出的对象之间的连接关系。

有时还会有其他类型的尺度。例如，直接计数有时被认为是绝对尺度（absolute scales），因为它没有可选数字集可供转换。差分尺度（difference scales）允许的转换形式为：$x \rightarrow x+a$，且 a 为常数。心理学的某些领域中使用对数区间尺度（log-interval scales），其允许的转换形式为 $x \rightarrow ax^b$，且 a 和 b 为正的常数。

人们已经开发了一些深奥的数学模型，用以探索实证系统的属性与可以用来表示它们的数值系统的性质之间的关系，以及数值系统之间可被允许的转换。自20世纪上半叶史蒂文斯从事这项工作以来，已经取得了相当大的进展，但有趣的是，他的结论在本质上仍然成立。

简单的连接操作，例如将两根木棍首尾连接地放置，或者将两个砝码放在称重天平同一侧的秤盘上，都可以被映射到加法。不仅如此，更复杂的实证关系也可以映射到加法，一个重要的例子是联合测量（conjoint measurement）在商业产品开发、营销和心理学某些领域的广泛应用。

联合测量适用于测量对象具有多个属性，并且可以对对象进行排序的情况。例如，我们可以按喜好排列食品，而排序所依据的食物特点可能是松脆程度、甜味、质地和味道强度。然后，在特定情况下，可以为每个不同的属性导出数值尺度。例如，将不同松脆程度的级别映射到不同的数字，以此类推。这样一来，根据属性值的总和就能正确地为对象排序。

在木棍的例子中，我们选择用加法来代表一个实证连接操作。把两根棍子首尾连接地放在一起，并为这两根棍子分配数字，以使这些数字的总和等于分配给另一根棍子的数字，该木棍的物理长度与首尾连接在一起的木棍长度是一样的。对于质量而言，我们可以把两个轻的对象放在天平同一侧的秤盘上，然后在另一侧用另一个重的对象来平衡它们，并为其分配数字，这样分配给同一侧的两个物体的数字之和就等于分配给第三个物体的数字。在上述情况中，我们都是通过加法来代表实证关系，但是用加法并不是强制的。

例如，也可以用乘法，这样我们不需要给两根短木棍分配数字，以保证当把两个短木棍首尾连接地放在一起时，数字相加等于分配给同一长度的单根木棍的数字。作为代替，我们可以选择数字使其相乘，从而得到分配给最长木棍的任何数字。

再假设有 3 根长度不同的木棍，使其中两根首尾连接与第三根的长度相同。在加法的方式下，我们根据长度顺序为其分别分配数字 1、3、4。注意，$1 < 3 < 4$ 和 $1 + 3 = 4$ 保留了顺序关系和首尾连接关系。然而，我们也可以把数字 2、8、16 分配给这 3 根木棍。再次保持了顺序属性，$2 < 8 < 16$，但是不同于加法的是，我们有 $2 \times 8 = 16$，也就是说两个较短木棍的长度乘积等于最长木棍的长度。

这似乎有点奇怪，但那只是因为用加法表示实证关系非常普遍。从本质上来说，并没有任何规定要求我们必须这样做。实际上，用乘法而不是加法来表示连接对象在某些领域也是很常见的（如某些种类的统计模型）。用加法表示连接对象，实际上是一种实用的选择：对于某些目的，用加法确实更方便。

现在，由于数字的加法赋值和乘法赋值都表示相同的基本物理属性（木棍的顺序和连接），所以它们在某种意义上必须是等价的（如果

A 等于 B，且 C 也等于 B，那么 A 等于 C）。事实上，可以看出，有这样一种数字映射，可以将加法表示中使用的那些数字映射到乘法表示中使用的那些数字：即将加法数字表示为 2 的幂次方，即 $2^1=2$，$2^3=8$，$2^4=16$。若用另一种方法从乘法到加法来映射事物，可以用底数为 2 的对数函数，即 $\log_2 2=1$，$\log_2 8=3$，$\log_2 16=4$。

在不同情况下，加法（或乘法）之外的数值运算是非常常见的。以相对论（relativity）为例，在经典力学中，速度可以相加：如果我以 x 的速度走在以 y 速度行驶的火车上，我相对于地面的速度是 $z=x+y$（x，y，z 的单位均为千米每时）。但在相对论中，速度测量则是用一个更复杂的算术运算：

$$z=(x+y)/(1+xy/c^2)，其中 c 为光速。$$

总之，我们可以用数字来表示对象属性的物理大小，其中数字之间的关系表示对象之间的关系。我们可以用加法来表示物理关系，但也可以用其他数字关系。

在这一点上，读者可能想知道是否所有这些理论都是必要的。古埃及人建造金字塔时并不担心转换的可允许性或合法的数字表示。但事实是，这个理论所提供的更深层次的理解，为揭开宇宙的秘密提供了一些非常强大的工具。

实用测量

由于实用测量同时定义了被测量对象的属性并界定了测量方法，因此实用测量与操作主义（operationalism）的哲学立场密切相关。诺贝尔奖得主物理学家珀西·布里奇曼（Percy Bridgman）将其描述为"概念与其对应的操作集是同义的"。以个人幸福感的测量为例，一种策略是提出一个问题，以深入了解人们对幸福的理解。因此，我们可以问："从整体上考虑你的生活，你对它有多满意？"〔源自美国"改变生活"调查（*Changing Life Survey*，America）]，或者"你会形容自己非常幸福，有点幸福或……"[源自加拿大综合社会调查（*General Social Survey*，Canada）]，或"总的来说，你对自己的生活感到非常满意，相当满意或……"[源自欧盟民意调查（*Eurobarometer*）]。

不同的问题在意义上是重叠的，这是令人欣慰的，因为这意味着它们正在利用相关的概念。另一方面，它们之间的差异意味着它们对幸福的关注点略微不同。也就是说，它们测量的对象略有不同。准确地说，它们所测量的仅仅是问题本身。与表征测量的情况相反，实用测量没有更基本的"现实"可以诉诸。

一个更为精细的实用测量策略的例子是将多个项目组合起来生成一个量表——阿普加量表。与只问一个问题相比，综合多个方面有几个优点：这意味着我们可以确信，测量程序涵盖了属性的所有方面。它还意味着我们可以控制不同方面的组合方式及其每个方面的相对权重或重要性。此外，如第 1 章所述，由于统计原因，明确地将多个组成部分结合起来形成一个单一的整体测量，可能会产生比简单地问一个问题更准确、更稳定的结果。最后，有证据表明，至少在某些情况下（比如测量幸福感），与具有整体性的问题相比，构成整体问题的组分问题更不容易受到系统性偏见的影响。

总的来说，有两种方法可以将多个项目组合起来形成一个整体测量。因为它们被大量应用于医学与心理学领域，它们有时被称为临床测量（clinical measurement）法和心理测量法。临床测量法更直接，也更实用。我们只需简单地选择相关组分并决定如何组合它们。同样，以阿普加量表为例，将每种肤色、心率、反射、肌肉张力和呼吸的值分别设置为 0、1 或 2 并将其结合在一起（实际上是相加在一起），就可以得到婴儿健康状况的总得分。阿普加量表的发明者维吉尼亚·阿普加（Virginia Apgar）在描述阿普加量表的论文初稿中说："我们列出了与婴儿出生时状况有关的所有客观指标。在这些健康状况指标中，有

5 种指标被认为是有用的。因为这 5 种指标可以很容易地被确定，而且不会干扰到婴儿的护理。取决于指标的出现与否，每个指标的得分值设置为 0、1 或 2。10 分表示婴儿处于最佳状态。"这种测量程序显然是实用的，即使这些组分中可能会涉及表征测量（例如，心率取决于比例尺度），但是本质上也没有确定包括哪些指标以及如何组合它们，当我们做出这些选择时，我们也没有明确其所表示的内容。事实上，我们可以选择包括不同的组分属性，并以除了加法之外的方式组合它们。虽然存在差异，但通过这些替代选择所得出的测量尺度同样是合理的。显然，在这个例子中，我们所测量的是由我们如何构建测量程序来定义的。

另一种方法，心理测量法，这是一种结合多个组分的方法，且每个组分都假定与要测量的概念有某种明确的关系。换句话说，我们构建了一个理论或模型，相信它将我们想要测量的事物，即潜变量（latent variable）与可以测量的事物，即显变量（manifest variable）联系起来。这种方法有时被非正式地称为间接测量（indirect measurement），这种方法背后的理论基础表明，心理测量法在一定程度上是具有表征测量特性的，它对一些假定的基本事实进行建模。但请注意，选择包含哪些测试是基于研究人员的实用选择。心理测量法的经典实例是对智力的测量，这种测量是基于算术测验、语言测验、视觉空间推理测验等方面的分数的测量。我们将在第 5 章中对此进行更详细的探讨。

我曾和合著者皮特·菲亚斯（Peter Fayers）一起将心理测量法描述为"试图通过用多个项目来测量一个属性"的方法，而临床测量法则是"试图用一个索引来总结多个属性"的方法。我们接着说，后者"当然不可能完成"。但这就是对属性实用组合的本质：找到一种有用的方法来总结多种不同的特征，正如阿普加量表所示。

仅因为定义实用测量程序有相当大的自由度，并不意味着"什么都可以做"。要使测量更有用，测量方式必须具有良好的属性，如精确性（precision）和可复现性。测量程序的质量也可能取决于数字结果与将它们与其他测量程序的结果相关联的理论体系的吻合度，但这不是必需的。这可能是一个深奥的理论，涉及与不同测量结果相关的复杂构造。例如，将智力与社会幸福和成就联系起来的心理学理论。但是，从另一方面来说，一个实用测量可能只是因为它能获得准确的预测所以才是有用的。例如，我们可以建立一个经验模型来预测谁有可能在抵押贷款偿还上违约，这完全是基于过去观察到的借款人的各种特征与他们是否违约之间的相关性。这个模型缺乏心理学理论支撑，但它可能会（实际上这样的模型也确实）非常有用，因为它们可以非常准确。这种类型的实用测量是通过寻找与某些结果相关且易于测量的特征函数来构建的，其在商业和管理领域应用尤其广泛。

由此可以清楚地看出，在定义实用测量程序的方式上有很大的灵活性。关键在于，这些测量方法是为了某种目的而被选择的（并因此而被定义的），而这些目的可能是多种多样的。这一观点可以通过大量疼痛评估量表的存在来说明：每一个量表都以略微不同的方式对疼痛进行评估，并对疼痛的不同方面进行测量，也可以说，是以稍微不同的方式精确地解释"疼痛"的含义。疼痛的多个方面包括强度、持续时间、分布和位置，测量方法包括自我报告、生理反应（如呼吸速率、心率、血压和排汗）、脑部扫描和行为等方面。所有这些差异都会对诊断、预后和治疗产生影响，因此使用正确的测量工具非常重要。

另一个实用测量的例子来自完全不同的领域，通货膨胀率，即价格上涨的速度。测量通货膨胀的困难来自以下因素：商品在不同商店的价格不同；价格变化不同；人们购买不同产品的数量也不相同；商品品质的变化（5 年前买的笔记本电脑和现在买的会有很大的不同，即使它们的价格相同），等等。此外，通货膨胀是一种综合现象，与一个国家的总体价值有关。因此，在某种程度上，必须对不同的组分进行平均化，有不同的方法可以做到这一点（如算术和几何平均值）。所有这些问题，以及其他问题，都可以用不同的方式来解决，因此有各种不同的通货膨胀的测量方法——所有这些方法得出的答案都不一样。值得强调的是，这并不是因为有些指标比其他指标"更正确"，而是因为不同的指标对"通货膨胀"的真正含义的认识有着微妙的差异。

其他常见的针对经济领域的实用测量是股市指数，这些指数旨在总结市场的总体走势，如英国富时 100 指数（FTSE100）、美国道琼斯工业平均指数（Dow Jones Industrial Average）以及标准普尔 500 指数（S&P 500）。通常，这类指数是根据组成市场的个股价格的加权平均数来计算的。实用测量的选择包括将哪些股票纳入该指数，以及如何加权。

从以上例子不难推断出，实用测量程序在人文科学中比在物理科学中更常见。这是由于人文科学所研究的对象固有的复杂性和多样性导致的。但实用测量的确也在物理科学中出现过。例如，我们将莫氏硬度表描述为测量硬度的一种方法。这是根据矿物相互刮擦的相对能力制定的。但其他方法则是根据受到冲击时的压痕程度，如布氏硬度（Brinell scales）、洛氏硬度（Rockwell scales）、维氏硬度（Vickers scales）和肖氏硬度（Shore scales），以及材料对金刚石尖锤反弹的程度来制定的。所有这些都是测量硬度的，但每种测量程序所表示的硬度含义却略有不同。

正是由于表征测量是由从现实世界中的经验结构明确地映射至数值表示的，因此可允许转换的概念才会出现在其中。如果不同尺度表示相同的现实世界关系，那么它们之间也必须彼此相关。可允许的转换说明了它们之间的相关性。相反，由于实用测量没有从现实世界的实证关系中得到这样一个明确的映射，所以对可以适用的转换没有限制。另一方面，这也意味着尺度在转换后不能代表转换前的属性。换句话说，允许对实用尺度进行转换，但每一种这样的转换均会导致对被测量对象的不同界定。

在实用测量中，通常对结果分数进行排列以使其具有特定的属性，这样有助于解释。例如，我们可能会产生介于 0 和 1 之间的分数，或者可能产生对于某些特定人群具有特定统计分布的分数。智商（IQ）是后者的一个例子，智商呈高斯分布（gaussian distribution）或正态分布（normal distribution），平均值为 100，标准差为 15。在产生具有特定属性的尺度时，涉及的任何转换都应被视为实用测量程序定义的一部分。例如，阿普加量表会产生 0 到 10 的分数，但是我们可以转换它，即通过调整数值产生 0 到 100 的分数。如果我们这样做了，应该给它一个不同的名字，把它当作一种不同的测量。

正如所料，实用测量已经引发了广泛的讨论和争议。这涉及我们在多大程度上可以将测量属性视作"真实"，即所谓的属性的具体化（reification）。是不是定义能够产生一致且可复制的结果的测量程序（以一种有用的方式使其与其他测量相关）就意味着所测量的属性是真实的？生物学家史蒂芬·杰伊·古尔德（Stephen Jay Gould）批评将智力研究中所提取的 g 因子（g-actor，一般智力因子）解释为真实的：

> 我们发现了"隐含"大量相关系数外部性的东西，这也许比测量本身更真实，这种想法可能令人陶醉。这就是柏拉图的本质（Plato's essence）：抽象的、客观的事实隐藏在表象之下。但这是一种我们必须抵制的诱惑，因为它反映了一种古老的偏见，而不是自然的真理。

与之相关的是，哲学家约翰·斯图亚特·穆勒（John Stuart Mill）在他父亲编辑的一本书的脚注中说："从某种意义上讲，人们总是倾向于相信，无论什么东西有了名字，它都必定是一个独立的实体或存在。如果找不到与这个名字相呼应的真实实体，人们不会因为这个原因就认为这是不存在的，而是认为这是一个特别深奥和神秘的东西。"

虽然关于具体化的争论在人文科学中特别重要，但这并不是人文科学所独有的。重力和磁力不能被直接观测到，而只能通过其对其他物体的影响进行观测，所以它们是真实的吗？

对这个问题的一个可能的答案是，不同的测量方法是否会导致相同的结果。比如用天平测量一个物体的质量，或者看弹簧被这个物体拉伸了多远。如果不同的程序的确会产生相同的结果，如果测量程序是收敛的，即收敛测量程序（convergent measurement operations），那么我们就会认为属性是真实的，并且具有超出测量程序的外部存在。显然，表征测量程序满足这个要求：根据定义，必须有某些东西可以表征。另一方面，如果只有一种方法来测量属性，那么最好将其视为一种构造，而实用测量就属于这一类型。

量表法

尽管已经明确区分了表征测量和实用测量，但在许多（也许是大多数）情况下，测量是这两种极端测量方法的混合。举一个例子，考虑一个被访者需要给出 5 种可能的答案之一的量表：非常不同意、不同意、不一定、同意、非常同意。这些反应水平的顺序显然是为了表示一些经验性的东西，所以在这方面量表是具有代表性的。另一方面，对于这些类别分数的选择（如 1 到 5 分）是实用的。例如，第二个类别的得分是第一个类别的两倍，这一事实并没有反映出任何经验性的东西。但是，如果研究人员始终用 1 到 5 的分数，得出的量表仍可能是有价值的。

单个问题容易受到高度随机性的影响，而且正如我们已经观察到的，通过提出多个问题并将它们进行组合，可以改善量表的属性。如广泛使用的李克特量表（Likert scale）会询问多个相关问题（或项目），各级别可能用整数进行评分（如 1 到 5）。然后对这些分数求和或取平均值，从而得到一个总体分数。注意，在此过程隐含的假设是，每个项目都具有同等的难度或重要性。在求和或取平均值之前，更精准的测量程序会以不同的方式对它们进行加权。很明显，李克特量表是一个汇总评分量表（summated rating scale）的例子。

对于此类量表，用整数作为反应水平的一个批判是其默认各级别之间的间隔是相等的。许多人更喜欢用整数以外的分数作为等级。例如，在瑟斯顿量表（Thurstone scale）中，通过汇总若干评定者的评分，每个项目都会得到一个数值分数。评定者首先根据他们对每一项的赞同程度来打分(分数从 1 到 11)。每一项的总分等于评委给出的总分中位数(median)。然后选择具有等间距中位数的项的子集。为了使用这个量表来计算受访者的得分,受访者会被问到他们同意哪些项目,并将这些项目的平均得分作为受访者的得分。

对单个问题的水平进行评分的另一种策略是最优尺度法(optimal scaling)。这种方法中,数值被用于优化与另一尺度的关系。例如,在将收入与政治立场(如左翼与右翼)联系起来时,我们可以选择立场倾向的水平,以便在保持秩序的约束下使某些人口中这两种特征之间的相关性最大化。这种方法已经得到广泛的应用和完善。它们也可以与名目尺度一起使用。在这类尺度中,反应类别甚至没有顺序排列。例如,我们可能会猜想(内在无序的特征)头发颜色与某一特定医疗条件之间的关系。然后将有金发的人与没有金发的人的比例作为数值分数。事实上,这个比率的对数,即证据权重(weight of evidence)被广泛应用于诊断系统中。

最优尺度法会选择一个标准将一个尺度与另一个或多个其他变量相关联,然后通过为相应的类别选择尺度值来对其进行优化。在这种情况下,尺度的性质是以上尺度与变量之间相互关系的结果,即我们正在关注特定测量连续统一体之外的测量。另一种替代策略是假设离散的有序尺度值(例如,最初可能由整数 1 到 5 表示),实际上是通过分割一个连续的潜在区间尺度或比例测量尺度而产生的。例如,假设我们所设想的潜在名目测量的分数呈标准高斯分布。如果 30% 的受访者的得分为 1,我们可以将该得分替换为 -0.52,因为标准高斯分布中 30% 的值小于 -0.52。由于在许多情况下,经验现象的确大致符合高斯分布,因此这可能是种合理的策略。然而,这种策略并非没有风险,特别是从分数 1、2、3、4 和 5 到高斯分布中对应值的转换可能会导致关系顺序的颠倒:当用原始整数值时,一个参与者群体的平均分数可能大于另一个参与者群体的平均分数，但当转换为高斯数值时，其平均分数则有可能小于另一参与者群体的平均分数。

李克特量表中的项目都被视为等效的，并将其求和得出总分。另一种替代性策略是提出一系列难度越来越大的问题。原则上，受访者应能正确回答低于一定难度的所有问题，但却不能回答高于这一难度的其余问题。正确和错误之间的过渡点可以视作一个分值。这种策略在哥特曼量表（Guttman scaling）中得到了应用，该量表开发了用于对问题和受访者排序的详细方法。

哥特曼量表对项目或问题的等级进行排序。应用于政治学和其他领域的库姆斯量表（Coombs scaling），则是根据每个参与者的项目或陈述来进行排名。该方法得出每个参与者的得分和每个项目的得分，使参与者的得分和项目得分之间的差异与参与者对项目的排序具有相同的顺序。

目前，我们已经研究了有关组合问题的情形，每个问题都有自己的连续统一体（即使数据只能显示连续统一体上的离散点，或该连续统一体只表示顺序信息）。然而，有时数据会以不同的形式获取，我们仍然希望从中提取测量值。

例如，对象之间可以相互比较的情况并不少见。因此，我们能够测试各种食物，并对这类食物的组合做出偏好陈述——相较于 B，我更喜欢 A。10 个对象就能组成 45 对潜在可比较的组合。在理想情况下，对象会有一个自然的排序（因此，如果 A 优先于 B，B 优先于 C，那么 A 优先于 C），但在现实世界中并非总是如此。在这种情况下，我们可以为每个对象设定一个分数，并尽可能多地找到并保留所述排序的分数。布拉德利－特里模型（Bradley-Terry model）就可用于产生这种分数。

布拉德利－特里模型本质上形成了一个单个的连续统一体，并能在该连续统一体上对对象进行定位。这一原理已经通过多种方式进行了详细阐述，特别是在心理学和行为科学领域之中，有些方法从简单成对的偏好数据已经扩展到了由多个评分者针对多个对象进行排序的数据。而其他的扩展方法则是基于被测对象之间的关系，而不是简单的排序。例如，它们可能是基于对象之间的相似度（degree of similarity）或主观评分的测量。这种方法有时也被称作单维尺度法（unidimensional scaling）或非度量尺度法（nonmetric scaling）。

测量的统一

虽然在讨论中，我们有意将重点放在更接近连续统一体极端的实例之上，以突出被测对象的核心特征，但大多数测量操作是表征测量和实用测量的混合体。物理科学中的测量往往具有更强的表征测量特性，而社会科学和行为科学中的测量则更侧重于实用测量，当然也有例外现象。生命科学和医学在表征测量与实用测量连续统一体上占据着广泛的位置。

值得强调的是，测量结果只反映了研究对象的某些方面。虽然棍子确实有长度，人们也有智力，但这些单一的属性并不能捕捉到关于棍子或人的所有信息。测量将被研究的领域缩小到一个或多个维度，从而可以更容易地掌握各种关系，更容易地推断出可能发生的事情，以及更容易地控制世界，但这是一种简化。在管理方面，这一观点被表述为"只有能被衡量，才能被完成"的警句，这句话有多种说法。它指的是只专注于少数测量的危险性。

然而，虽然将复杂性转换为简单性会带来风险，且将可以用无数种方法测量的物体或有机体减少到仅有的几次测量之中也显然存在风险，但通过这些手段也可以得到巨大的收获。

第3章

物理科学与工程学领域中的测量

可以说，现代世界很大程度上建立在物理科学（包括物理和化学）、工程学和医学的共同进步之上。当然，这些学科在正式的量化方式上有着非常长的历史。因此，你可能认为这些领域中的测量概念和测量系统是完整的，且几乎不会有新的发展。然而，这是对理论和实验之间交替发展的误解。新的测量思想的发展往往是实验发展的基础，而实验发现的进展往往又会导致新的测量系统和测量思想的产生。英国国家物理实验室（National Physical Laboratory）等国家标准实验室的存在就很好地说明了这一点。这些机构有约500多名科学家，专注于物理科学的研究，其目标是"对仪器进行标准化和校验，用于测试材料和测定物理常数"。

新物理现象也需要被测量，这意味着必须设计出新的仪器，甚至旧的物理单位也要定期进行重新定义。在第1章中我们看到了这样的例子，在这里它们不是用任意的标准器来定义单位，而是用宇宙中自然不变的常数来定义。我们还看到，随着科学和工程学的发展，测量精度有必要提高。对于风车而言，1/16英寸的公差范围内也能工作得很好，但现代喷气式发动机在这方面的需要则更加精确。

本章将着重介绍一些重要的物理性质的测量。

长度和距离的测量

长度测量是最基本的测量之一，因为我们可以看到物体的长度，而质量、温度或压力的测量则不一样。撇开视错觉不谈，当观察两个并排放置的物体时，两个物体哪个比较长是显而易见的。请注意，这甚至与面积和体积的测量形成了对比，在测量面积和体积时，虽然可以看到物体的形状，但物体的形状会使对面积和体积的测量复杂化。

由于长度测量基本且易于掌握的性质，对许多其他属性的测量结果也是通过将它们转换为长度测量来获得的。例如，温度可以通过水银温度计的毛细管中水银柱的长度来进行测量，而重量可以通过弹簧秤（spring balance）中弹簧的拉伸长度来进行测量。

长度和角度之间也有着密切的关系。钟的指针在绕着钟面进行圆周运动时会划出一段距离，而表盘的指针在绕其枢轴摆动时也会划过一段距离。这个距离通常用数字或刻度标出，表示指针尖端移动的距离，这些数字也等于指针旋转的角度。

值得注意的是，在过去几十年里，电子技术的进步已经在实际测量领域中隐秘地引发了一场变革。现在，仪器通常直接给出数字，而不是依据追踪到的角度或周长来给出结果。虽然这样更加便捷，而且可引入人为错误的概率更小（尽管这永远无法完全避免），但它也可能存在其他问题。一是有可能引入虚假的精度。数字读数到小数点后 6 位很可能意味着最后几个数字会有很大的不确定性，因此并不可信，例如，如果室温发生变化，那么其最后几个数字也可能会变化。二是从模拟到数字化的隐式转换掩盖了测量的精妙之处，以及本书中所讨论的各种概念的含义。被测事物的属性本身并没有附带数字来表示它们的大小。

在第 1 章中我们看到，为了确定不同类型货物的数量，贸易成为测量概念发展背后的主要历史驱动力。尤其是在长度方面，测绘和施工也提供了类似的开创性应用。

早期的长度测量系统是通过一根绳子来进行的，绳子上有固定的绳结（knotted cord），因此我们要重新计算一个标准长度的副本数量，即绳结之间的间隔。这一原则可以追溯到古埃及人，甚至追溯到巨石阵建造时期。请注意，我们可以很容易地用这样的绳子来构造直角：一个12 节的闭合绳圈可以被布置成一个直角三角形，每条边分别有 3、4 和5 个间隔长度。若在一根绳子上加一个铅锤（plummet）和一个砝码来确定垂直方向，我们就有了建造大教堂的基本工具。

在第 1 章中，我们以长度为例探讨了表征测量，并研究了基本单位长度的历史。许多单位长度的木棍以首尾相连的方式放置，从而给出一个对象的长度。这一原理适用于卷尺测量，或将绳子或链条拉出一段距离的情况。但是还有其他方法可以确定物体的长度，特别是可以使用间接测量程序。视距测量（tacheometry）就是间接测量长度的过程。

古代测量长度或距离的间接方式包括：一根木棍能扔多远，一声呐喊能传多远，一个人能在日出和日落之间走多远。显然这些方法不能得出非常精确的测量结果，但一个人在给定时间内能走多远的例子已被推广到以已知速度行驶的物体通过特定长度所需的时间来测量距离。激光测距仪使用的就是这一原理，其中已知的速度是光速。雷达测速法则根据电磁信号的传播时间来确定地球与其他行星之间的距离。

另一个策略是使用三角法（trigonometry）。如果已知一把尺子的长度，那么就可以根据它相对于眼睛的夹角角度（前提是它垂直于你的视线）来算出你与尺子的距离。相反，如果已知到某一物体的距离，那么三角法也能根据尺子与眼睛的夹角角度来计算出该物体的长度。视差（parallax）是这些观点中的一个变量，它在早期天文测量（astronomical measurements）中非常重要。这种效果是通过将眼睛集中在附近的物体上，先闭上一只眼睛，然后再闭上另一只眼睛来说明的：距离较远的物体看起来会改变位置，这是因为眼睛通过不同的角度看附近的物体。可见，三角法可以将角度与距离联系起来。

三角法的例子说明了非常大和非常小之间的互补关系。提高对非常小角度的测量精度，就可以扩大非常大距离的可测量范围。依巴谷卫星（Hipparcos space mission）使用视差来测量天体的距离，其测量角度的精度以毫角秒（milliarcsecond）为单位，而毫角秒是 360 万分之一度。

其他间接测量长度的仪器包括测程仪（hodometer），也被称为计距器（surveyor's wheel），由步行者来推动连接到手柄上的轮子，其行驶距离可以由轮子的旋转次数来计算，见插图 3。无线电测距仪（tellurometer），基于千米以上的距离测量光波的相移。

插图 3　18 世纪的修路工人——盲人测量员杰克·梅特卡夫（Jack Metcalf）与计距器的雕像

从这些例子中可以明显看出，不同的测量程序适用于不同距离的测量。卡尺（caliper）适用于非常小的长度（通常称为宽度）；直尺适用于人类尺度的长度测量；激光测距仪、测程仪以及无线电测距仪则适用于地球上较长尺度的测量；雷达适用于测量其他行星的距离；视差法适用于测算邻近恒星的距离，等等。使用不同仪器的原因只是其实用性不同。比如，将直尺首尾相连来测量地球到附近恒星的距离是不可行的，而用卡尺来测量人的高度也是很困难的。

当测量宇宙距离时，对不同测量程序的需求变得更加迫切。我们已经注意到依巴谷太空任务使用了视差测量法。对于更远的距离，还需要其他间接测量程序，其中一种间接测量程序是基于远处物体的亮度（brightness）来测量物体间的距离。汽车前照灯在近距离时比其在 2 千米远时更亮，这意味着我们可以根据它的视亮度（apparent brightness）来确定汽车的距离。尽管如此，宇宙测量还是比看起来要复杂得多，例如，在天文学中，有必要通过干预星际尘埃云来吸收光。此外，还需要了解物体的本征光度。幸运的是，某些类型的天体，如超巨星和超新星，似乎具有相对标准的亮度。标准亮度则是通过在相同距离下测量多个这类天体的亮度而获得的，而这类天体与地球的距离是通过其他方式测量而得到的。

最后一个例子介绍了计量溯源（metrological traceability）的概念，通过建立一个距离测量链，依次适用于测量更远的距离，并且每个测量方法都与前面的方法重叠，以便进行校准。通过这种方法，科学家们创造了一个测量更远距离的尺度：宇宙距离尺度（cosmological distance ladder）。

当超越简单的首尾相连的标准尺测量时，更复杂的测量方法必须基于各种假设。例如，某些类型的天文物体的亮度是根据天体的特性计算得出的，如果假设是错误的，那么根据这个假设测量出的距离也就是错误的。事实上，在天文学测量中就有这样的例子。一种使用亮度来确定距离的天文物体为造父变星（Cepheid variable），造父变星的脉冲周期与固有亮度有关。然而，在 20 世纪 50 年代，人们发现有两类造父变星，而且与较近的造父变星相比，较远的造父变星更亮一些。其结果是，人们发现银河系的直径其实是之前的两倍。同样，使用第 2 章中提到的收敛测量程序的概念，叮以将这种误差的风险降到最低，如果使用不同的距离测量方法得出的结果相同，那么我们将对测量结果更有信心。

面积和体积的测量

在第 1 章中，我们已经了解了如何定义早期的面积单位，即根据土地耕作所需的时间，或者其产出作物的体积或重量来定义面积。其他早期的方法则是根据边界的长度来定义面积，例如，人绕行土地需要多长时间。当然，这在测量过程中可能会存在困难，正如公元前 8 世纪狄多（Dido）的故事所说明的那样。传说迦太基（Carthage）附近的伊哈巴斯国王（King Hiarbas）同意狄多可以用牛皮"圈出"尽可能多的土地。狄多开始把牛皮切成很细的条状，并用细条状的牛皮圈出了一大片面积的土地。面积测量的基本要点和难点在于——面积大小取决于形状，这是狄多的误解，因为同样长度的皮革条也能够圈定一个非常细长且狭小面积的土地。

原则上讲，我们可以用一种基本的表征方法来测量面积。定义一个面积单位，如一个非常小的正方形，然后通过用小正方形的副本进行覆盖的方式来测量更大的面积，当然在覆盖时不能重叠，也不能留下任何间隙。针对一个大的矩形，这个方法是可行的，但是如果是更大形状的且边缘是斜线或弯曲的线，这个方法就会出现问题，不可能既不留下任何间隙，也不能保证小正方形不伸出大区域的边缘。这个问题可以通过减小小正方形的大小来解决（这一思路最终产生了数学上的积分概念）。

测量农业用地的土地面积是一回事，而测量其他类型的土地面积可能导致不同的做法。例如，（圆形）管道的对称性意味着，根据其直径就可以很容易地计算出它的横截面积——小型管道可以用卡尺来测量直径，而较大的管道则可以用标准尺或卷尺来测量直径。或者，我们也可以将卷尺绕在管道上以确定其周长，然后将其转换为横截面积。甚至还存在可以完成换算过程的卷尺，例如，不同于一般卷尺显示 d（英寸）

的周长，这种卷尺将直接显示 $\pi d^2/4$ 的横截面积。

现在，长度和面积之间的关系对我们来说可能是显而易见的：矩形的面积等于它的长度乘以宽度（两者都是长度测量）。但这种习惯是长期使用的结果，可能不具有非常明显的先验性。这一点也适用于体积。与面积一样，形状对于体积的测量也很重要。

要测量体积，我们可以从一个有着规则横截面的高而薄的容器开始，沿着容器等距地绘制刻度线，就像滴定管一样，根据长度来测量体积。或者我们可以取一个基本单位（比如说一个小杯子），然后计算装满一个容器需要多少杯水。这使我们能够以单位杯的数量来测量容器的内部体积，这对贸易和其他活动至关重要，但这种方法不能测量外部体积。如阿基米德所证实，测量外部体积（如金王冠的体积）的一个简单方法是将其浸入一个已校准容器中的水中，从校准容器读取排出的水的体积等于物体的体积。

质量、重量和力的测量

测量质量的基本工具是天平，其包括围绕其中心支点旋转的臂，两端悬挂有托盘。放在一个托盘上的物体与放在另一个托盘上的物体保持平衡。然后，我们就可以用一种基本的表征方式来建构一个测量系统，使一侧的新物体与另一侧的单位重量的多个副本保持平衡。

这种方法建立在杠杆原理的基础之上，已经以多种方式被扩展运用。杆秤（steelyard）就是其中的一个版本，但其测量臂并不等长（通过某一侧基本单位物体的重量对另一侧较大重量的物体进行平衡）。大杆秤（bismar）是另一个版本，它的一端有一个固定的重量，通过移动支点来平衡另一端的重量。

在第 2 章中提到的弹簧秤则采用了一种不同的策略。这是一种基于胡克定律（Hooke's law）的装置，胡克定律认为弹簧的伸长与其被施加的载荷成正比。同样，其他物理特性也被用来将重量映射到数字，或先将重量映射到长度然后再映射成为数字。它们包括扭力天平（torsion balance）、弯曲带天平（flexure strip balance）和振荡石英晶体天平（oscillating quartz crystal balance）。

重量不等于质量。重量是地球对物体的引力，质量则是物体中物质的量。然而，在地球上任何一个特定的点上，来自地球的引力将保持不变，所以物体的质量与它们在那个点上的重量成正比。这意味着我们可以使用刚才讨论的任何测量仪器来确定质量。然而，如果我们把一个物体从地球带到月球上，我们会发现那些基于万有引力的仪器（如弹簧秤）将会产生不同的物体重量。它们需要重新校准，用以确定单位质量所引起的拉伸。磅秤仍可以完成这项工作，因为当我们从地球移动到月球时引力的变化对于磅秤两端的影响是一样的：无论是在地球上还是在月球上，物体总能被相同数量的基本单位质量所平衡。质量的国际单位制（SI）基本单位是千克，第 1 章已有描述。

牛顿第二定律（Newton's second law）告诉我们，当我们对一个物体施加一个给定的力时，它的加速度与质量成反比。因此，这是确定质量的另一种间接方式：对物体施加一个固定力，并测量其加速度的大小。当然，反过来，我们可以通过观察一个给定质量的物体在受到外力时的加速度来测量力的大小。力的国际单位制基本单位是牛顿（newton），以艾萨克·牛顿（Newton Isaac）命名，等于以 1 米每秒的速度加速 1 千克物体时所需要的力。

当力使某一个物体改变位置（例如把一个物体举到空中，或者一个电压引起电荷流动），我们就称之为做了功（work），显然功的大小也是可以测量的。功的国际单位制基本单位是焦耳（joule），以詹姆斯·普雷斯科特·焦耳（James Prescott Joule）命名。

做功的速率有快有慢，你可以通过突然拉动或者缓慢移动来举起一块石头。做功的速率被称为功率，其国际单位制基本单位为瓦特（watt），以詹姆斯·瓦特（James Watt）命名。功率还曾用马力（horsepower）作为单位，1 马力约等于 750 瓦。

分贝（decibel）用来表示一个物理量（如功率）的值与参考值的比率。它被定义为 $10 \times \log_{10} R$，其中 R 是两个值的比值。对数的使用意味着无须特别大的值就可以表示极大的尺度范围：1 功率比对应为 0 分贝，10 功率比对应 10 分贝，100 000 功率比对应 50 分贝。

时间的测量

我们已经看到了放弃特有的测量单位的优势，但在一个领域中，这种简化还没有实现，那就是时间的测量。我们仍然有秒、分钟、小时、天和周的时间单位，它们各自的换算系数分别为 60、60、24 和 7。在历史上，我们曾多次尝试使我们现有的系统合理化，例如法国试图将天改为 10 小时、每小时 100 分钟、每分钟 100 秒。但是，目前的系统已经停滞不前，除了那些超出人类日常经验的更大和更小的单位，往往以幂进行定义，因此我们有千年、十年、毫秒、皮秒（1 皮秒等于 10^{-12} 秒），等等。

许多时间单位起源于行星的天文现象，如行星的自然周期性（至少是大致而言的周期性）会导致自然的（和方便的）时间间隔。这种周期性和规律性是测量时间的关键——这里周期性定义了时间的基本单位——许多其他有规律的物理现象也被用作时间测量的基础。它们包括人们熟悉的钟摆和滴水，也包括更奇特的石英晶体、铯原子和电磁波频率。最近，人们还发明了"光晶格钟"（optical lattice clock），其利用的是锶原子在被红色激光照射时，能以精确的频率在能级之间切换的原理。分子和原子系统的优点是它们不会出现疲劳、断裂或磨损。

正如长度、质量和体积测量对诸如贸易之类的文明发展至关重要一样，时间测量也是如此。在第 1 章中，我们提到了著名的经度测量实

例，对于该实例而言，精确的时钟至关重要，但更直接的例子是保存易
腐烂食物的时间。

准确的时间测量，尤其是非常小的时间间隔，在许多科学研究中具
有重要意义。迄今为止研制的最精确的时钟在 160 亿年内的误差约为
1 秒。该等级的精确度足以探测到地球引力场的微小变化：因为广义相
对论告诉我们，在更强大的引力场中，时钟运行得更慢。

与许多其他科学单位一样，时间单位的定义也是随着科技进步而改
变的。秒的古老定义是平均太阳日的 1/86 400，这一定义经历了几次变
化，到了现代其被定义为在温度为 0 开（开尔文见下节"温度的测量"）
时铯 -133 原子基态两个超精细能级之间跃迁对应辐射的 9 192 631 770 个
周期所持续的时间。我们又一次看到了单位定义从实物（会受到与以上
物体相关的所有磨损与衰减的影响）向量子化（其不会受到以上影响）
的转变。

温度的测量

正如我们能感知重量一样，我们也能感知温度，以至于我们能说出
某一物体比另一物体要更温暖。然而，虽然温度的高低（至少对于相同
材质的物体而言）是可以进行排序的（尽管可能无法感知非常细微的
差别），但它们是否能进行更高级别的测量（如区间尺度或比例尺度）
可能就不那么明显了。这就是为什么 W. E. 诺尔斯·米德尔顿（W. E.
Knowles Middleton）把早期温度计称为验温器（thermoscope）的原因，
因为它的目的是用来观察而不是测量温度，并且以一个纯顺序尺度来产
生结果（有时伽利略被认为是第一个发明这种设备的人）。

虽然我们可以将具有特定长度的对象的多个副本连接起来，以查看
需要多少副本才能伸展到与其他对象一样长，但是我们不能将具有特定
温度对象的多个副本连接起来，并以此来确定另一个对象的温度。对温

度的测量有时被称作密集测量（intensive measurement）：将两个相同温度的对象（比如两种液体）放在一起，得到的是一个相同温度的（更大的）对象，而不是两倍的温度。把两个温度不同的对象放在一起（一旦对象稳定下来），就会得到一个平均温度的对象，这个温度还取决于对象的质量和材质。

虽然我们可以将温度定义为"热度"，但它的真实性质并不是一目了然的。对温度真实性质的阐明是理解物理科学的一个基本面，即能量的本质。温度测量也许是间接测量最明显的例证。除了根据主观感觉对温度进行排序之外，所有温度测量都是根据不同温度对其他物理性质的影响进行的：一定量的水银或酒精体积的变化，声音在加热到不同温度的物体中的传播速度的变化，材料在加热时发出的光的特性，加热物体的电阻或电导率，金属的膨胀，一定体积下气体压力的变化，等等。

建立温度数值尺度的起点是确定温度的固定点，为此历史上提出了许多观点。牛顿提出了水的冰点、蜡烛的熔点、水的沸点、用风箱扇风时烟煤的燃点等作为温度的固定点。丹麦天文学家奥勒·罗默（Ole Roemer）则建议把盐、冰和水混合所能达到的最冷混合物的温度、冰水的温度、人体的温度和水沸腾的温度作为固定点。这里对人体温度的使用可以使人联想到根据人体尺寸来定义早期长度的测量方式。其他建议的固定点包括蜡烛火焰的温度、雪的温度、大茴香油的凝固点和洞穴深处的温度。丹尼尔·加布里尔·华伦海特（Daniel Gabriel Fahrenheit）将其温标建立在罗默的基础之上，但又将每个温度划分为4个等级，并将氯化铵加入盐、冰和水的混合物时获得的温度设定为零点温度，这就是为什么华氏温度中水的冰点是 32 华氏度。安德斯·摄尔修斯（Anders Celsius），即根据其名字来命名摄氏温度的人，最初选择 0 摄氏度为水的沸点和 100 摄氏度作为水的冰点，与现在的温标正好相反。很明显，这种量表最初被称作为摄氏量表。你可能已经注意到，在所有这些讨论中，形容词"固定的"都需要谨慎地加以解释。

一旦选择了至少两个固定点，便可以将它们与我们描述的物理特性一起使用，以产生温标。这是通过将量的变化范围（如水银柱的长度）划分为相等的间隔来实现的。但是请注意，这背后的基本假设是：相同的温度变化导致相同的物理量大小的变化。事实上，这一假设通常是没有根据的，因此不同的物理性质会导致不同的测量尺度：水银柱单位长度的增加可能并不对应双金属片卷曲引起的单位角度的变化。这意味着以这种方式定义的温度具有很强的实用性。

为高于或低于上述固定点的温度来定义温标则需要新的固定点。所使用的例子包括：极端例子之一为钨和其他金属的熔点，而另一个极端例子则是氧气的沸点和氢气的三相点（triple point）。但仅仅确定测量尺度是不够的：在足够高的温度下，水银会汽化，玻璃会融化，因此需要其他方法。高温计用于测量非常高的温度。

牛顿根据热物体冷却到已知温度所需的时间发明了一种方法。陶艺家约书亚·威治伍德（Josiah Wedgwood）解决了用一种基于加热时小块黏土收缩的方法来测量窑内温度的问题。他规定了小块黏土的尺寸（长方体形状，$0.6 \times 0.4 \times 1$，单位为英寸），并描述了如何用黄铜量规上的数字刻度来确定温度。他利用银加热后膨胀的原理将收缩高温计（contraction pyrometer）的数值结果与标准华氏温标联系起来，因为此过程会与另外两个过程相互重叠，这也再次体现了对溯源的使用。

被用于发展高温计测量的与温度相关的物理现象数不胜数，包括最近发现的高温物体发出电磁辐射的特性，这使我们更接近温度的表征概念。

这些方法产生的温标的实用性是显而易见的，但在其中一些方法暗示可能存在更基本的（和不那么实用的）温度测量方法。根据观察发现，温度越低，固定体积气体的压力越小。外推到压力为零时表明可能存在一个极小的温度——即绝对零度（absolute zero）。利用此概念，我们可以像定义华氏温标尺度和摄氏温标尺度那样来重新定义标准的温标，使它们从绝对零度开始（而不是始于氯化铵与盐、冰和水混合后的温度，也不是水的冰点，等等）。当我们对摄氏温标尺度进行这种操作时，我们就获得了开氏温标，单位表示为 K（注意不是°K）。纯水在常压下的冰点为 273.15K。

在此，我们已经描绘了一个拥有零点的测量尺度，该零点的选择适用表征性考量方式，但却在单位的选择上考虑了实用性。事实上，我们还没有唯一地定义温度的表征性基本单位，因为正如我们所注意到的那样，不同的物理性质会产生非线性相关的尺度。这意味着，如果我们有两个基于两种不同物理现象的温度计，即使两个温度计都在水的冰点处刻度为 0 度，在沸点处刻度为 100 度，并且中间范围被划分为 100 个相等的间隔，当它们被放入相同温度水体之中时，也很可能显示出不同的温度。要解开这个谜团，我们需要更深入地研究温度到底是什么。

物质是由不断运动的原子和分子组成的——可能像在固体中那样振动，也可能像在气体和液体中那样沿着轨迹运动。因为它们在运动，所以它们有动能。"理想气体"（perfect gas）是一种理想的（因此是虚构的）材料，其构成颗粒是非常微小的点，除非它们发生碰撞，否则它们不会相互作用。这意味着粒子将以恒定的速度沿直线运动，因此碰撞之间的能量也是恒定的。粒子的平均能量是热力学温度（thermodynamic temperature）。

气体产生的压强是由构成气体的粒子撞击容器壁而产生的。很明显，粒子运动得越快（它们的能量越大），压强就越大。压强和热力学温度都与粒子的平均动能成正比，因此热力学温度翻倍就意味着压强翻倍。特别是，这意味着我们可以用"理想气体"施加的压强来制作温度计——在绝对零度下，压强为零。当然，由于"理想气体"是一个理想化的虚构的气体，只能在实践中与之近似，氦提供了一个很好的绝对零度近似值。

如果以绝对零度为温标提供了一个固定点，那么我们需要另一个固定点来定义单位。如今，水的三相点被用来定义温度的基本国际单位制单位，开尔文。三相点是水以气态、液态和固态的形式平衡存在时的

温度和压强，它发生在 273.16K，所以开尔文被定义为水三相点温度的
1/273.16。请注意，所有这些对热的理解的发展（即将其理解为能量，
以及其与温度、熵和其他概念的关系）都出现在人类历史的后期，并且
都出现在实用温标产生与使用之后。这与人类对长度理解的情况类似，
在建立健全的长度测量表征理论之前，人类使用长度的概念已有一千多
年的历史。这也说明了不断增长的理解力与先进的测量技术之间是相互
作用的。

电磁学单位

我们已经看到了为长度和质量创造的许多不同的测量单位。虽然人
类对电和磁的理解比对长度与质量这两个物理概念的历史要短得多，但
它们也产生了相当多的测量单位。究其原因，一部分是因为电和磁的概
念涵盖面很广，另一部分则是因为许多研究人员花费了大量的努力才把
它们梳理出来。

对电和磁现象的测量是由许多实际应用驱动的，特别是在工程领
域。我们已经看到，实际应用经常需要精确的测量，在这种情况下，我
们发现电报、电话、电动机、加热器、光、无线电波和许多其他影响测
量技术发展的电气现象对精确测量的需求。

我们可以从电荷的概念即电量开始。对此现象的早期认识可以追溯
到公元前几世纪，人们观察到琥珀与兔子毛摩擦会吸引轻的物体，有时
甚至会产生火花。大约 2 000 年之后，研究者们发明了能够产生并储存
电荷的机械设备。"储存"的概念暗示了"数量"的概念，但它还远远
不能说明电量是如何被确定的。

和温度一样，早期测量电荷的尝试导致了测量尺度的出现。例如，
验电器由一根垂直的金属棒组成，金属棒的末端有两条平行的薄金箔
条。带电荷的物体被带到棒的顶端，会使金箔带电，由于同种电荷相互

排斥，金箔就会彼此弯曲。更精密的静电计也是基于同样的原理。例如，两颗木髓球，一颗固定，另一颗悬挂在悬丝上，可通过将它们与带电物体连接而使它们互相排斥，从而使悬浮的木髓球根据电荷的大小而沿一定角度运动。

对电的不同方面的测量也提供了许多间接测量的例子。例如，电压通常是通过观察电流流经给定的电阻，并用欧姆定律（Ohm's law）将电压和电流联系起来进行测量的。电荷可以根据电压来测量。这种间接测量也允许测量非常小与非常大的电荷，正如高温测量的发展扩大了可以测量的温度范围一样。

电荷的测量很好地说明了科学理解的进步与测量技术进步是如何相互支持的，即科学理解领域的进步会推动测量技术领域的进步，反之亦然。特别是在 20 世纪初，人们发现电荷是由多个非常小的基本单位——即单个电子上的电荷构成的。事实上，它是如此之小，以至于在大多数应用中毫无用处。我们用库仑（coulomb）来命名电荷的量值，以法国物理学家查尔斯·奥古斯汀·德·库仑（Charles-Augustin de Coulomb）命名，1 库大约等于 6.24×10^{18} 个电子的电量。库仑是电荷的国际单位制单位。

电荷的流动，也就是电流，也可以用不同的方法来测量。电流的国际单位制基本单位是安培（ampere），以法国物理学家安德烈·玛丽·安培（André-Marie Ampère）命名，通常缩写为"amp"，定义为一库仑每秒的流量。对于许多实际应用而言，安培是一个比较大的单位，通常都会使用毫安。

当存在迫使电荷流动的电势时，电荷就会流动，而这个电势的量度就是电压。1 伏特（volt），以亚历山德罗·伏特（Alessandro Volt）命名，是两个相距 1 米的无限平行板之间的电势差，在两个板之间每库仑产生 1 牛的力。

以此类推，电阻的单位欧姆（ohm）以乔治·欧姆（Georg Ohm）

命名；电容的单位法拉（farad）以迈克尔·法拉第（Michael Faraday）命名；电感的单位亨利（henry）以约瑟夫·亨利（Joseph Henry）命名；磁通量的单位韦伯（weber）以威廉·爱德华·韦伯（Wilhelm Eduard Weber）命名；磁感应强度的单位特斯拉（tesla）以尼古拉·特斯拉（Nikola Tesla）命名，高斯（gauss）以卡尔·弗里德里希·高斯（Carl Friedrich Gauss）命名；频率的单位赫兹（hertz）以海因里希·赫兹（Heinrich Hertz）命名等。

　　除了需要定义和测量的概念数量众多之外，不同的单位系统有不同的名称（回想一下长度测量中众多的单位和名称），加之随着时间的推移，理论理解不断加深，定义也随之发生变化，从而导致更复杂的间接测量程序被设计出来。

量子测量

　　如果没有提到测量在量子理论中的作用，本章将是不完整的。该理论以很小的尺度描述了宇宙的行为。这些都是完全超出我们日常经验范围的测量尺度，所以在这些测量尺度下的行为常常与我们的直觉背道而驰，这应该不足为奇。毕竟，如果空气对一只小飞虫来说有如糖浆般的黏稠度，那么我们看待亚原子粒子尺度上的事物又会有多奇怪呢？

　　量子力学告诉我们，某些性质配对不能同时以任意的精度进行测量。这并不是因为测量程序必然会干扰被测对象（尽管在最低限度上这也是事实，但要测量某物，我们必须从它身上反射一个光子，这将对其产生影响），而是由于宇宙的基本性质。举一个小粒子的位置和动量的例子就可以对此说明：根据这两者之间的关系，我们可以尽可能精确地测量粒子的位置，但是这意味着位置的精确性是以已知动量的不精确为代价的，反之亦然。此外，事实证明，在测量属性之前讨论属性的真实值是没有意义的。相反，测量的真正作用是将属性"量子坍缩（quantum collapse）[①]"为一个特定值。这显然与经典物理学截然不同，在经典物理学中，物体的属性是有价值的，只是等待被测量而已。虽然从经典物理学的角度来看，量子力学的世界确实是一个奇怪的世界，但从无数的实验以及用量子力学理论建造的机器的角度来看，都表明它本质上是正确的。这也许很奇怪，但经过实验验证，它的预测是正确的。

后续

这是一本简短的书，所以在这一章中，我们只可能接触到大量为物理科学而设计的测量方法和单位。目前有超过 100 种物理属性的单位，其中许多以整本书的体量进行了阐释。然而，一个奇怪的现象是（极少数例外），物理属性都可以表示为 6 种基本属性的单项组合[②]。如果选择电荷（C）、温度（R）、质量（M）、长度（L）、时间（T）和角度（A）为 6 种基本属性，那么速度是单位时间通过的长度（即距离），或表示为 LT^{-1}；密度表示为 ML^{-3}；电流表示为 CT^{-1}；磁感应强度表示为 $MT^{-1}C^{-1}$，等等。这具有一些相当有用的含义，特别是这意味着可以通过查看等号两边是否有相同的单位来检查所提出的理论方程是否是正确的。我们将在第 7 章对此进行论述。

[①] 根据原文此处坍缩（collapse）应为量子坍缩（quantum collapse）。——译者注

[②] 国际单位制（法语：Système International d'Unités，简称 SI）是世界上最普遍采用的标准度量系统。1954 年第 10 届国际计量大会决定，SI 应以 6 个基本单位为基础，分别为米、千克、秒、安培、开尔文和坎德拉。1971 年第 14 届国际计量大会将摩尔纳入为第七个基本单位。——译者注

第4章

生命科学、医学与健康领域中的测量

生物领域的复杂性和多样性为该领域的测量带来了极大的挑战。生物系统（甚至是像细胞或细菌这样基本的系统）通常都具有相当大的内部复杂性，可以呈现出许多不同的形式，从而形成大量不同种类的有机体。此外，生物系统与其外部环境以复杂的方式相互作用，这意味着它们是不断变化的，即使是定义要测量的属性也非常困难。

因此，生物有机体的测量结果通常是数值的分布。一个常见的例子是人类体重或身高数值的分布。以数值分布为测量结果还意味着某些指标（如激素水平）的值对一个人来说是完全合理和正常的，对另一个人而言可能是异常的，甚至是危险的，表明可能存在某些病理状况。

医学上的另一个复杂问题是，测量与疼痛、焦虑、头晕等内在或主观现象的属性或特征相关。这意味着，在医学背景下可能需要依赖患者的主观报告，这里强调的"主观性"一词，指的是患者的主观性，而不是医生的主观性，即使他或她对严重程度的判断也可能是主观性的（例如，医生对 X 光报告或超声波图像进行解释时）。

当理由充分时，我们可以预见基于主观决定的测量方法不如基于合理表征关系的测量方法可靠，而且通常具有较差的测量特性。对这一问题的认识，意味着人们针对主观现象的测量方面已经进行了大量的研究工作，因此也确实存在合理的程序。在医学领域，客观的测量，即能被他人观察或检测到的东西，被称为征候（sign）。相比之下，由患者确定为异常功能的主观测量被称为症状（symptom）。

我已经提到过对引入测量概念的抵制，医学是最为显著的领域之一。其对"反对者和支持者谁更占优势"这一问题的答案总是悬而不决。

在医药处方中使用测量的历史至少可以追溯到公元前 1500 年的古埃及。但从常见的物理测量（如药物的体积或质量）到对患者各个方面的测量，是一个巨大的飞跃。尽管如希波克拉底（Hippocrates）测量脉搏等个例已经出现，但测量在该领域的广泛应用还得等上几千年。甚至到了 1797 年，一位德国翻译家还将詹姆斯·科里（James Currie）关于医学测量体温的著作视作英国医学落后的一个例子。一般的看法似乎是，测量会给出数字，但不会产生被认为是医学所必需的"品质"。直到 19 世纪中叶，脉搏、体温、血液蛋白、血压（见插图 4）等概念才开始被广泛使用，即使他们在很早以前就已有描述。同样在这个时期，其他如听诊器（stethoscope）、喉镜（laryngoscope）、显微镜（microscope）和眼底镜（opthalmoscope）等仪器，也开始被使用。注意这里的词缀"scope"是指观察、观看或检查某物的仪器，就像我们在第 3 章中讨论的验温器（thermoscope）和验电器（electroscope）一样。

这些测量工具是建立在流行病学领域内应用数值方法所取得的明显成功的基础上的，这是不可否认的。"死亡率统计表"（bills of mortality）显示了由不同原因造成的死亡率，并允许对不同的社会群体进行比较。虽然只是在人口层面之上，但这已经为测量的成功提供了明确的例证。当然，这些成功并非一帆风顺。由于缺乏对分类属性的明确阐述，一些流行病学数据无法被更好地利用。我们应该把"抽搐""衰弱"或"发烧"视作何种属性的诊断类别？

抵制这些统计学论证的另一重阻力来源是它们只不过是统计数据。例如，由整体取得的平均值，并不一定会适用于个体。尽管如此，在统计研究方面仍然取得了进展，而且在更具有针对性的研究中也被证明

插图 4　水银压力计（manometer），用于测量血压

是有效的。例如，皮埃尔·路易斯（Pierre Louis）批判了非正式比较，并通过将 100 例肺炎患者的放血疗法（bloodletting）与对照组的结果进行比较，阐述了统计数值的精确性。1840 年，亨利·霍兰德（Henry Holland）将医学统计描述为通往"医学哲学"的最安全途径。1855 年，阿林森（W. P. Allinson）曾说，除了通过统计学，"没有其他方法"可以研究医学中许多重要的问题。

医学测量的范围

在现代医学中，进行测量有许多不同的原因，因此也有许多不同类型的测量。通过测量得出的诊断结果，可以用来判断预后，确定疾病的分期、严重程度、与健康相关的生活质量、适当的治疗和剂量方案、治疗效果等。如果目的不同，即使对于同一属性，也可能采用不同的测量程序：以诊断为目的的测量需要区分病情，而以评估治疗效果为目的的测量则需要对病情的变化反映更为敏感。

出于不同的目的，对测量仪器的需求也会不同。对此，日常生活活动（activities of daily living，ADL）研究（用于测量人们完成正常任务的能力）给出了例子。在这些研究中，我们可能对"患者说他们能做什么""他们能做什么"以及"他们实际做了什么"感兴趣。显然，对于第一个问题，一些访谈或自我完成的问卷可能就足够了，第二个问题则需要基于任务来进行测试，第三个问题则需要观察性测试。另一个例子是阿尔文·范斯坦（Alvan Feinstein）在其医学测量领域的经典著作《临床计量学》（*Clinimetrics*）中给出的。他指出，测量充血性心力衰竭的方法应取决于测量值是用于检测心力衰竭、测量心力衰竭程度、预测可能的结果，或是决定如何治疗心力衰竭。

一个重要的区别在于，一种是对身体状况和功能的基本测量，另一种则是不良医疗条件的较高级别指标。两者的分界线并不总是很明确，但它是一个有用的讨论测量的分类方法。

另一区别则在于，一种是对一维概念直接进行观察的测量方式，另一种则是基于总结其他若干测量的测量方式。通常，更基本或更低级别的指标是一维测量，如温度、浓度、体积、面积、疼痛强度、血压等，而更高级别的测量通常是由多个测量组合而成。在这里，回顾一下在第2章中讨论的临床测量法和心理测量法之间的区别，这一区别的核心在于，是寻求将各种不同的指标结合起来，给出一个整体的测量标准，还是寻求从一系列指标中提取一些共同的潜在影响作为测量标准。

如果统计学工具被用于以组合各种更基础指标的方式来建构测量，那么处于不同目的将需要不同种类（尽管彼此相关）的统计学方法。例如，进行诊断时，需要使用与统计判别分析相关的工具来构建可区分不同情况的措施。另一方面，需要评估治疗的有效性时，用于检测变化的统计方法将为其提供答案。预后病情的工具将基于预测的统计方法，可能是基于先前患者的观察结果，对疾病的已知病程进行建模，也可能是纯粹的经验模型。

与所有其他测量程序一样，医学测量也位于表征性/实用性的连续统一体上。生理系统的临床前或实验室测量往往倾向于表征测量。体温、血压、脉搏率、红细胞沉降率和血糖水平是常见的例子，针对不同的身体器官通常会有相关的测试集合。例如，肾功能（kidney function）是基于包括对尿素、肌酐、肾小球滤过率和电解质水平在内的测量结果来进行评估的。

另一方面，虽然原始测量可能具有很强的表征性，但在许多情况下，它通常被用作某些潜在条件的指标，以便更好地将其用作实用测量。例如，将肿瘤最大直径的毫米长度作为肿瘤的测量大小显然是一种表征测量，具有其所包含的所有属性。但在这里，长度被用作严重程度的指标。此外，与水银温度计从温度到长度的隐式映射不同，此处的映射定义并不明确，因为"严重性"并不是一个清晰的概念。这意味着用长度来测量肿瘤的大小，更偏向于被认为是一种实用的测量方法——当然，肿瘤大小增加一倍并不意味着严重程度增加一倍。

与临床前的测量相比，临床测量，即那些在临床检查中进行的测量，能够表明某些临床状况或表现的严重性或程度，因此更加实用。癌症分期（cancer stage）系统给出了一个简单的例子。这一系统是一个实用尺度，被界定为：

第一阶段：肿瘤相对较小，位于原发器官内；

第二阶段：肿瘤比第一阶段大，但未扩散到周围组织；

第三阶段：肿瘤较大，淋巴结内有癌细胞，可能已扩散到周围组织；

第四阶段：肿瘤已经扩散到其他器官。

同样，纽约心脏协会（New York Heart Association，NYHA）对心

力衰竭的功能分类也属于实用测量，分为 4 类：

（1）心脏病患者，但身体活动不受限制。正常的体力活动不会引起过度疲劳、心悸、呼吸困难或心绞痛。

（2）心脏病患者，身体活动受到轻微限制。在休息时不受影响。正常的体力活动会导致疲劳、心悸、呼吸困难或心绞痛。

（3）心脏病患者，体力活动明显受到限制。在休息时不受影响。低于正常频率的体力活动会导致疲劳、心悸、呼吸困难或心绞痛。

（4）心脏病患者，进行任何体力活动都会引起不适。即使在休息时也可能出现心力衰竭或心绞痛综合征的症状。如果进行任何体力活动，则会增加不适感。

在这些例子中，隐含的是将多个较低级别的测量组合成较高级别的实用性测量。通常，对几个生理过程的观察或对症状群的观察可以结合起来（例如，一些精神疾病就是这样定义的）。当这种情况发生时，正如在第 2 章中看到的那样，我们需要回答几个问题：选择什么变量，如何对它们评分，是否对其进行转换，以及如何组合它们。

不同领域针对这一问题采用不同的解决办法。在医学上，主要是根据先前或历史的临床经验来确定相关方面（回顾弗吉尼亚·阿普加的描述：列出了与婴儿出生时的状况有关的所有客观体征）。相反，在社会科学和行为科学中，通常是收集大量潜在的相关项目（或问题），然后通过统计与专家小组评估相结合的方式将相关项目集缩减至关键的核心项目。

实用测量背后的驱动力是，它应该产生有用的东西。鉴于此，在通过组合多个较低级别指标构建的测量中，纳入大量此类指标（更好地覆盖内容或通过聚合减少可变性）和仅纳入少数指标（更容易管理，更容易获得，可能更容易解释）之间存在矛盾。

如何评估患者

许多医学测量程序都基于对患者提出的一系列问题的综合回答。从广义上讲，这些可以是自行掌握或由临床医生掌握的，也可以是结构化或半结构化的访谈。对抑郁症的测量提供了许多以上两种类型访谈的例子。贝克自评抑郁量表（Beck depression inventory，BDI）由 21 个项目组成，每个项目由 4 个或 5 个严重程度从 0 到 3 级不等的表述组成，患者需要选择与病情最匹配的表述，总分是所有项目分数的总和。汉密尔顿抑郁量表（Hamilton depression scale，HDS）通常由 17 项涵盖抑郁症的症状组成，其中 9 个项目是 5 分制，另外 8 个项目是 3 分制。抑郁症的严重程度是这些项目评分的总和，而 HDS 评分是两部分独立评分的总和，一部分由面谈者获得，另一部分由观察者获得。这些工具的结构和评分系统考虑得十分周到，体现出研究者为主观现象生产可靠且准确的测量工具方面所做的大量工作。这两种工具自其首次被定义以来（BDI 于 1961 年提出，HDS 于 1967 年提出），已开展了大量的评估工作，因此它们的特征和模式都已经广为人知。

疼痛测量是已经开发出众多测量工具的另一个领域，包括自我报告测量、观测测量以及生理测量。这一测量所面临的挑战体现在成年人、儿童和婴儿在测量疼痛体验方面的差异，这些人在描述主观现象方面的能力明显不同。虽然强度可能是疼痛最重要的维度，但它并不是第 2 章列出的唯一维度。20 世纪 70 年代开发的麦吉尔疼痛问卷（McGill pain questionnaire）中所用的形容词说明了疼痛感觉的范围：轻微疼痛、脉动式疼痛、颤动式疼痛、悸动式疼痛、跃动式疼痛、重击后疼痛、猛击后疼痛、闪烁式疼痛、射击后疼痛、刺伤后疼痛、令人厌烦的疼痛、钻孔式疼痛、刺伤型疼痛等，共有 77 个形容词。描述不同类型疼痛体验的项目被划分至不同的类别，以一种缜密的方式结合在一起，从而产生一个总体得分。

第三个领域是幸福感和生活质量，与抑郁和疼痛相关，这是一个涉及面很广的话题。然而，从个人健康角度来讲，可以从世界卫生组织（World Health Organization，WTO）对健康的定义出发："不仅是指没有疾病或衰弱，而且指生理、心理与社会功能的良好状态"。在医学领域，这一领域的讨论往往局限于健康相关生命质量（health-related quality of life，HRQoL）。然而，即使有了这一限制，它也可能包括多个范畴。正如彼得·费耶斯（Peter Fayers）和大卫·梅钦（David Machin）所说："健康包括一般健康、生理机能、体征和毒副反应、情绪情感功能、认知功能、角色功能、社会福祉（wellbeing）和功能、性功能以及存在主义问题。"

HRQoL 测量表明，具有良好的和相关的测量程序对程序实用性要求高的领域的重要性：质量调整寿命年（quality-adjusted life year，QALY）是通过医疗干预增加的额外生命年数的单位，但是在这里，是否要增加年份要考虑生活质量。健康状况良好的一年可以算作一年，而健康状况不佳的一年则应算作少于一年。

前面介绍了日常生活活动量表，该量表被用于评估残疾水平以及个人能够进行正常日常活动的程度，如进食、清洗和穿衣等。正如人们在社会和行为环境中所期望的那样，有许多不同的日常生活活动量表。它们将针对不同的人群（可能是不同的年龄组、不同的社会背景等），具有不同的条件（可能是慢性病患者或是行动不便的人），用于不同的目的（可能是某人的生活能力、需要多少护理等）。与以往一样，对于这些测量领域，虽然构建问题列表、从 0 分到 10 分对每个问题打分然后将结果相加看似容易，但要选择合适的测量并使之满足测量属性的要求是极其复杂的过程。此外，有些测量尺度还需要经过相当广泛的训练才能有效地使用。这有助于对这些测量尺度使用的标准化，从而使其更具可靠性（reliability）并得出更可信的结论。

为了使医学测量史有用，以便任何地方的任何人都能以同样的方式解释它们，测量尺度本身需要标准化。这个问题与在其他章节中所讨论的使用相同的基本测量单位（例如长度和质量）的问题非常相似。然而，在医学领域，不同类型测量尺度的范围意味着必须加大对其进行标准化的力度。例如，它可能意味着重新调整分数，使人口分布与某种标准形式（如平均值为 100 的高斯分布且标准差为 15 的高斯分布）相关联，以便可以容易地评估偏离标准的程度。在纯实用测量尺度中，尺度的标准化是测量定义的一部分。

针对那些询问病人要求给出数值的医学测量，另一个问题是如何更好地引导提问去实现量值的准确。我们可以从不同的量表中询问所需信息，包括离散测量表（例如，你认为你的情况很糟、比之前更糟，或与之前相同，或比之前稍有改善，或比之前改善很多），视觉模拟量表（例如，你的疼痛有多严重？从 0 到 10 的尺度，其中 0 表示没有疼痛，10 是你可以想象的最严重的疼痛），语义差异量表（要求病人把自己放在两个意思相反的形容词之间的量表上），或者其他方法，如一系列图片（如从悲伤到快乐的表情各异的卡通表情）。

引导提问可以获取信息，但也有一个需要补充的方面，即测量结果的交流。这也可以通过各种方式实现，如用数字、图表（如条形图）、趋势线等。最佳方式的选择取决于所要实现的沟通目标。

尽管大部分描述都是以产生一个整体得分或测量标准的方式进行的，但当有多个项目结合起来时，其通常会形成子得分，以此对总体特征的特定方面进行评级。因此，举例来说，来自芝加哥康复研究所的疾病影响概况是对基于 68 个生活质量和功能障碍水平的问题进行评分。总分所体现的是对行为、生活参与、心理健康和社会关系的评估。

医学上的测量问题并不局限于病人的健康，还涵盖许多方面。例如，正确测量药物的剂量至关重要。不这样做的后果可能是灾难性的。新生儿阿丽莎·希恩（Alyssa Shinn）于 2006 年 11 月去世，其死亡原因是因为当时她没有服用 330 微克的锌来促进新陈代谢，而是服用了

330毫克的锌。标准的"单位剂量"药物分配系统使用单位剂量的预包装，以便随时给病人使用。这意味着护士或其他临床医生不需要随时测量药物剂量。

统计学上的测量

回到本章开头的观点，同一种群内的生物有机体并不相同。这意味着对剂量和毒药的抵抗能力，有些人比其他人更强。这一事实已被用来定义对破坏性物质、辐射等剂量的测量。半数致死量（median lethal dose，LD50）是致一半人口死亡所需的剂量。量值越低，物质越危险。通过生物测定的统计技术，这一概念的概括导致出现了类似的测量方法——LD5是致5%人口死亡所需的剂量。

本章开头提到，健康领域测量早期的成功例证之一是将其应用于人群而非个人层面，这就是测量与统计融合在一起的地方。要测量某一群体的特征（如感染率、工龄人群与超过工龄的人群的占比、或死亡率），就有必要对该群体中的个体进行测量，并以某种方式进行汇总。我们将在第6章进一步讨论这些问题，这里仅关注流行病学是对人群疾病的研究。这类事情由来已久。弗洛伦斯·南丁格尔（Florence Nightingale）因对人口疾病进行分级测量和统计描述而成为国家英雄，她证明了水污染和过度拥挤导致了英国军队的高死亡率。

第5章

行为科学领域中的测量

心理学中的测量概念因其备受怀疑而特别值得注意。尽管人们接受了心理特征能够被比较的事实（相较于彼物，我更喜欢此物），但很多人怀疑对这类心理学概念分配数值的可能性。早在 1882 年，生理心理学家约翰内斯·冯·克里斯（Johannes von Kries）表达了"试图测量主观感受是模仿物理学的错误尝试"的观点。近 60 年后的 1940 年，物理学家、科学哲学家诺曼·坎贝尔（Norman Campbell）认为，能够提出主观经验的数值测量是不可能的。

鉴于这种怀疑，心理学测量领域最早的成功案例发生在与物理科学最密切相关的心理物理学领域，这也许并不奇怪。直到后来，才出现了用于测量态度、观点、偏好和性格类别的正式方法。

在某些方面，许多心理学测量比自然科学中的测量更加困难：无生命的物体无法观察到你正试图测量它们，并不能有意识地采取相反的方式行动。所谓的"博弈"（gaming），即人们给出他们认为你想要的反应，或他们从中获得最大利益的答案，以及反馈循环，这在心理测量情境中很常见。在研究敏感话题（如财务、医疗或性问题）时尤其如此。目前已经开发出复杂的"随机响应"方法（randomized response method）来处理这些问题。同样的挑战也出现在社会测量中（毕竟，在某种意义上，这是个体行为测量的集合）。霍桑效应（Hawthorne effect）描述了当被观察者知道自己成为被观察对象而改变行为倾向的反应。例如，在研究工作环境是如何影响工业生产率时，让心理学家四处提问，并明显表现出对工人的工作环境感兴趣可以提高生产率。

正是因为心理测量的难度很大，因此该领域成为大量研究的关注点。然而并不是每个人都赞同研究向行为科学领域的测量进行倾斜。正如心理学家罗伯特·霍根（Robert Hogan）和罗伯特·尼科尔森（Robert Nicholson）观察到的那样："文献中充斥着研究人员用自制和未经验证的量表测试实质性假设的例子；当后来发现量表没有测量到他们意图测量之物时，整个系列的研究也会受到质疑。"亨利卡·德·威特（Henrica de Vet）和她的同事们指出："开发一种测量仪器并不是在一个下雨的周日下午就可以完成的事情。如果做得好，可能需要几年时间。当然，由于有些人粗心或不恰当地使用测量仪器，这就使得心理学与其他学科没有什么不同。"

与医学领域一样，我们应该认识到，心理测量可能有不同的深层目的，而且这些目的需要不同的测量程序。例如，在教育评估中，我们可能会进行测试，以便能够确定学生在哪些领域需要更多的指导，或是能够告诉未来的雇主毕业生的优势和劣势，或是能够掌握学生对某些活动的准备程度（如学术能力评估测试，即 SAT），甚至在更高的层面，能够了解教育机构为学生增加了多少价值。其他领域也存在类似目标的多样性。例如，早期测量智力的工作是为了筛选。该领域最早的研究人员之一阿尔弗雷德·比奈（Alfred Binet）在 20 世纪初进行了测试，以确定哪些小学生会从额外的帮助中受益。多年来，这种测试被用来将孩子们送入英国不同类型的中等教育。同样，早期的测试也被用来测量识字能力，并确定美军士兵在第一次世界大战和第二次世界大战中所扮演的不同角色。

我们还可以区分为了理解事物开展的测量和为了操作目的（如为了做出某一决定，或改进某一过程）开展的测量等。显然前者与表征测量密切相关，后者与实用测量密切相关。

测量感觉

物理刺激会引发人的感觉。因此，听众听到的电视音量（volume）来自声音的响度（loudness）以及音调的频率，即音高（pitch）。从表面反射的光的物理量（physical Amount）被视为亮度（degree of brightness）。第 2 章和第 3 章讨论了对物理现象的测量。因为它们发生在外界，所以它们容易受到客观测量的影响——不同的人可以执行相同的测量操作，并有可能得到相同的测量值。但是感知和心理特征，如感知到的声音响度、光的亮度、苦涩度或甜度等，本质上是主观的。

对声音响度的感知不仅受来自刺激的物理强度的影响，还会受到音调混合、声音提升与衰减的速度，以及环境背景（例如，在音乐厅里的低语声可能比火车上的要响亮得多）等其他因素的影响。对于亮度，一个经典的例子表明，将一个特定的灰色阴影在图片的两个不同部分再现，由于其周围的阴影不同，这两部分看起来也完全不同。由于这种复杂性，实验者通常会试图剥离背景以消除潜在的扭曲影响。举个例子，在测量响度时，会专注于单一频率的声音测量。

根据对刺激的物理强度和感知强度的成对观察，我们可以尝试揭露两者之间的关系，这种关系被称为"心理物理定律"（psychophysical law）。在 19 世纪出现的韦伯 - 费希纳定律（Weber–Fechner law）就是一个非常重要的例子。该定律源自以下观测结果：两个物理刺激之间的最小可检测差异（just noticeable difference）通常与潜在刺激之间的大小程度近似成正比。更正式的说法是，感觉是一个物理强度的对数函数：$S = \log P$，其中 S 是感觉量，P 是物理量。这意味着，例如，当物理量从 1 到 2 到 4 到 8 等加倍变化时，刺激的感觉量会发生相等的变化。该定律自提出被沿用至今，证明了其有效性（这在任何科学领域都是非常出色的）。

然而，在 20 世纪中叶，史蒂文斯使用所谓的数量估计（magnitude

estimation）法收集实验数据。在该方法中，一系列物理刺激被呈现给受访者，然后给受访者分配一个与感知幅度成比例的数字。根据收集的数据，史蒂文斯提出感觉量和物理量的大小是与幂定律相关联的，其形式为：$S=aP^b$，其中 b 是一个常数，其大小取决于研究对象的物理性质；a 则界定了感觉量的单位大小。结果证明，这一结论与许多真实现象十分近似，包括响度、亮度、气味、温度、持续时间等。高斯达·艾克曼（Gösta Ekman）和伦纳特·萧伯格（Lennart Sjöberg）在 1965 年曾著文说："作为一个实验性的事实，在没有任何合理的怀疑下建立了幂定律的关系，这可能比心理学中的任何东西都更加可靠。"

由此可以看出，史蒂文斯直接测量感觉的大小（由参与者报告数值），但古斯塔夫·费希纳（Gustav Fechner）则将数值之间的基本差异（即定义了基本单位）定义为唯一显著的差异，然后基于以上差异建立起潜在的感觉程度量表。然而，这两种观点之间的关系比最初设想的更为紧密。特别是，如果在史蒂文斯模型中取对数，得到 $\log S=\log a+b\log P$。这只是韦伯 - 费希纳法模型 $S=\log P$ 的一般化，用 $\log S$ 代替了 S。初看起来，这两种方法之间的差异实际上是一个任意实用的选择，即在于究竟是用原始数值还是对数形式来表示感知到的刺激。换言之，韦伯 - 费希纳定律模型 $S=\log P$ 是基于以下假设条件：即在所有水平的潜在物理刺激下，最小可检测差异是相等的。如果这些差异具有对数量级（即用 $\log S$ 代替了 S），就能得出一个特殊的史蒂文斯定律。

数量估计只是阐释物理量和心理量之间关系的一种方法。另一种方法是成对呈现刺激，并要求受访者给出每对刺激的表观大小之比。还有一种方法（如针对声音）是安排受访者调整音量控制，直到音量听起来只有给定音量的一半为止。

关于主观现象的一个相当不寻常的例子是测量"食物辛辣程度"的斯科维尔量表（Scoville scale）。测量过程从提取辣椒素开始（辣椒素会产生辣的感觉），然后根据所需稀释量来确定辛辣的程度，直到 5 个经训练的品尝者能够检测出来为止。最辣的辣椒记录经常被打破。卡罗莱纳死神辣椒（Carolina reaper），见插图 5，其平均得分约为 150 万斯科维尔单位，但据报道其可以达到 220 万斯科维尔单位。

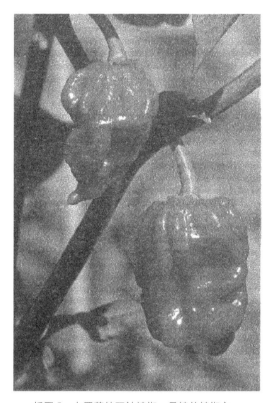

插图 5　卡罗莱纳死神辣椒，最辣的辣椒之一

　　心理物理学和心理生理学代表的是心理测量程序的基本水平，但它们仅仅只是一个开始。我们现在需要从物理学和生理学向更高的心理功能转移，不仅需要考虑如何测量人们对图片的排斥性、对小狗的喜爱程度，及其对态度和观点的测量，还需要测量人们的智力和精神状态（如抑郁和幸福感）等心理属性。很明显，测量这些比心理生理测量更具有挑战性。

　　在某些领域，已有专门的方法被开发出来。例如，（主观的）贝叶斯派统计学家将概率解释为一种主观的量度，即一个人对某个陈述是真实的或某个事件将发生的信念强度，而不是世界上物质的客观属性。这种信念的强度可能与人们对将要发生的特定结果所下的赌注的大小有关。因此，得出这些赌注的大小可以对概率进行测量。

心理测量模型

观察心理测量的一种方法（本质上是一种表征的视角），就是假定存在一个真实的潜在值，其只能被测量程序近似地获取。因此，该观测值是真实值与测量误差组合的结果。该观点被经典测试理论（classical test theory）所采纳。例如，在智力测验中，我们可能会认为存在潜在的"推理能力""理解能力"等诸如此类的真实值。对某个特定问题的回答则会以真实值的特定组合方式出现，这些真实值会受到测量误差的干扰。

通过该模型可以看到，提升测量准确性的方式是集中精力减少观察到的测量中的误差。这就要求我们认识到存在两种完全不同的测量误差：系统误差（systematic error）与随机误差（random error）。

系统误差是持续存在且每次测量时都会发生的一种误差。一个简单的物理例子是，在浴室称重秤校准错误的情况下，得到的测量结果总是比实际值多 1 千克（也就是说，即使称重秤上没有任何东西，测量结果也会显示 1 千克）。系统误差的心理学例子是默认倾向（acquiescence propensity）。在这种情况下，受访者不仅总是有一种倾向于与提问者的观点保持一致，并具有一种社会期望倾向：受访者倾向于以他们认为在社会上可以接受的方式进行回答。系统误差也可以通过问题措辞对调查回答结果的影响来说明：将问题的模式从正变为负（"你喜欢 X 吗？""你不喜欢 X 吗？"）通常会导致不一样的结果。

相反，随机误差是一种特定于某些测量场合出现的随机偏差。在每次测量时，此误差可能会出现不同的值，这些值会根据某种分布随机出现。

系统误差很难减小，但是（正如在第 1 章中提到的）我们可以通过多次重复测量以获取平均结果的方式来减少随机误差。在物理学中，可以通过简单地将物体放回天平上并重新称重来重复测量质量。而在心理学中，一次又一次地问同样的问题没有什么意义：被测量的人很可能会记住他们之前的回答并重新给出相同的答案。因此，必须提出一个新的、不同的问题。这就产生了一种尴尬的可能性，对不同问题的回答差异可能不仅是由于简单的随机误差引起的，还有可能是由系统误差引起。

经典测试理论根据测试的可靠性，即以真分数方差与总分数方差的比率来衡量测试的有效性（总分数方差是真分数方差与测量误差产生的方差之和）。这相当于简单地用误差分数方差与真分数方差的比率：该比率越小，则测试越准确，对单个结果的依赖程度就越高。然而，由于真分数从未被观察到（所有问题都是围绕这个原因产生的），因此必须设计出精准的统计方法来测量该比率。

为帮助选择测量工具中要包含哪些问题或项目，我们需要开发更为详细的项目分析方法。例如，包含一个与其他项目相关性很差的项目可能是不明智的。因为这不仅可能引入大量的随机变量，在最坏的情况下，还可能引入系统变量，导致测量一些与测量目的不相关的东西。

对多个不同测试项目的分数进行汇总（平均或求和），得出一个整体的测量结果，这是经典测试理论的一个内在方面，尤其是当单个项目的得分不令人感兴趣的时候；相反，在项目反应理论（item response theory）中，参与者和项目都是被测量的对象，其目的是确定测试项目的难度以及参与者的能力。在这种方法中，单个项目都是二元制的，即只有两个可能的反应选项，通常被设定为"正确"或"不正确"。

我们可以通过观察人们项目执行的情况来比较项目的难易程度：项目越难则人们做出的正确反应越少。或者，我们也可以通过观察人们回答正确问题的数量来比较他们的能力。但是，还有另一种角度来看待这个问题：我们可以关注项目和人员之间的交互。毕竟，原始的观察不是人与人之间的比较，也不是项目之间的比较，而是特定的人能否对特定的项目做出正确的反应。这让我们想到，项目难度和人的能力可以在同一个尺度上进行打分。例如，如果一个人正确回答了该项目，那么他的能力得分大于（或"优于"）项目难度得分，这就是哥特曼量表所遵循的原则。我们在第 2 章中看到，在理想情况下，回答者能够对难度低于其能力水平的所有问题给出正确答案，而对难度高于其能力水平的问题则不能给出正确答案。当然，这是一种理想情况。在实践中，源自各方面的不确定性意味着这可能无法实现。

拉施模型（Rasch model）假设每个项目都有一个难度值（假定项目 i 的难度值为 s_i），且每人都有一个能力值（假定某人 j 的能力值为 s_j）。然后，某人 j 给出项目 i 正确答案的概率（probability）被构建成为难度值 s_i 与难度值 s_j 之间的一个差异性函数：$s_j - s_i$。差异性越大（人越有能力或项目越容易），则回答越有可能是正确的。然后，通过给一定范围的人提供一系列项目来估计正确回答的概率，可用于得出项目难度分数和人员能力分数的估计值。

项目反应理论是对基础拉施模型的一个概括。例如，每个项目除了都有难度得分外，它们还可能有一个判别得分（discriminability score），显示回答能力的微小差异是否足以对某一项目做出正确反应的概率产生巨大变化，或者如果需要在反应能力上有很大差异，那么基础拉施模型假设反应者能力上的相似差异将会在所有项目中产生相似的差异。

拉施模型的一个重要特性就是具体客观性（specific objectivity）。这意味着，对于符合模型的数据，无论在测量差异时使用什么样的项目，两人之间的能力得分差异都是相同的。更进一步来讲，这是表征测量的一个要求：这相当于说分数是被测量者的一个真实属性。此外，同样地，不论进行测量时所用的人员样本是怎样的，两个项目的难度得分的差异也将是相同的。因此，项目的难度得分就是项目的真实属性。

心理测量的特殊挑战

1992 年美国心理学会（American Psychological Association）在《观察者》（*Monitor*）杂志上刊登的一则广告，说明了社会和行为科学的测量深度与范围，该广告估计每年将产生 20 000 种心理测量方式。我怀疑从那时起，测量方式产生的速度就已经下降了。一方面，这种多样性反映了人们想要测量的不同心理属性的范围；另一方面，它代表了测量在这一领域面临的挑战。

我们已经看到，一个问题的措辞方式稍有不同就会导致答案大不相同，在正面表述与负面表述之间的转换也会导致不一致的回答，但还有许多其他的不确定性和误差来源。它们包括项目问题中的歧义（因此可以用不同的方式解释）、困难的问题（需要付出过多的努力来回答）、过长的问卷（耗尽受访者的精力并导致回答不准确）、双重否定、文化差异、光环效应、宽限效应、范围限制效应，以及测试者和受试者之间的相互作用。

隐藏在这一切背后的含义就是，在决定准确的措辞时需要相当地小心谨慎。通常，测试开发需要多次扩展迭代——请回忆一下关于测试开发需要花费数年的测评。

心理测量的工具也可以有多种类型，从简单和简短的自我管理问卷，到广泛的结构化面试（面试官必须事先经过长时间的培训）。不用说，后一种类型的测量工具将倾向于提供更可靠的结果，但要付出相应的代价。测试也有不同的方法：例如在第 4 章中，我们提到了视觉模拟量表和语义差异量表，诸如此类的其他方法也可用于心理测量。

自我管理和结构化面试并没有用尽各种可能的心理测试方法。越来越多的测试由计算机来进行管理。计算机管理的优点是随着测试的进行，后续的问题可以根据之前的问题进行选择，更准确地关注受访者的属性水平，从而使他们能够轻松回答问题，也可以避免回答那些不希望回答的问题。计算机管理还具有消除面试官与面试者互动时的偏见的优点。其他测试则根本不涉及面谈或问卷调查，但要求参与者完成一些运动，如简单的体力活动，并由其他人观察并评估他们的表现。

许多心理测量结果与某些人群的分数分布有关。例如，智商被明确定义为相对于标准群体平均水平的表现。不仅仅是心理测量领域，总体或样本的得分可以以某种方式提供与个人进行比较的框架。常模参照（norm-referencing）就明显地体现了这一点。我们可以相对于分数的分布给出学生的分数。未来的雇主也可以放心，因为候选雇员是所有学生排名中的前 5%。相反，在标准参照（criterion-referencing）中，分数是相对于固定标准给出的。例如，我们可能会被告知，学生在考试中的得分为 96。要解释这一点，我们需要对测试的难度有所了解。

一个例子：智力测量

智力测量很好地阐释了行为科学领域中测量面临的挑战。

虽然有人嘲笑智力测量的概念，但很明显，人们都认为智力在某种意义上是可以被量化的：例如，我们会说 X 是非常聪明的，或者比 Y 更聪明。问题是，如何为这一显然可以被量化的属性赋予更具体的数值呢？

正如我所暗示的，最明显的出发点就是让参与者回答一系列的测试项目，每个测试项目都涉及我们所认为的智力。例如，可能有一些测试推理能力、视觉空间感知能力、语言能力等的项目，这就是智商测试所做的工作，其中会添加许多测试项目的分数。很明显，这是一个非常实用的方法：只需确定相关项目，并将分数定义为它们的测试值之和。

阿尔弗雷德·比奈详细阐述了这一基本概念，并提出了根据儿童达到给定水平的表现的平均年龄来测量智力的想法。如果一个 5 岁儿童的分数水平可以达到 6 岁儿童的平均水平，那么这个 5 岁儿童的智力分数就是 6/5 - 1.20。比奈将该分数乘以 100 并以此来对分数进行标准化，在这个例子中得到的"智商"就是120。在这里，我们可以看到智商（Intelligence Quotient，IQ，即智力商数）这个术语的来源：商是一个比率。后来，大卫·韦克斯勒（David Wechsler）设计了一种类似的方法：5 岁儿童的分数与 5 岁儿童的平均分数之比。此处还是商数，也仍然还是智力商数。注意，这两种方法给出的都是相对于给定人群的分数，如上述"5 岁儿童的平均分数"指的是针对 5 岁儿童这一特定的人群。

由于智商的测量结果是基于不同项目的总和，我们期望它在人群中有一个近似的高斯分布。这纯粹是一种称为中心极限定理（central limit theorem）统计现象的结果，它没有告诉我们任何潜在智力的"分布"。考虑到这一点，大卫·韦克斯勒重新计算了他的分数，将平均值设定为100，标准差为15，因此一半人智商的分数都在 90 到 110 之间。

另一种相当不同且更加复杂的测量智力的方式则更多地（尽管不是全部）归功于表征测量。如果观察到一组测试项目之间存在正相关，那么我们可能会尝试根据测试项目与单个基本属性［或"因子"，从而通过因子分析（factor analysis）］之间的关系来解释这些相关性，即"智力"。特别是，如果测试项目与基本属性的每一固定值都不相关，那么它们的整体关系纯粹是因为它们与基本属性的关系而产生的。智力测试的文献称这个因子为一般智力因子（即 g 因子），表明每个项目的得分都是基本因子与特定测试项目特有贡献的加权。通过反转这种关系，可以表明变量的分数（即 g 因子）对应于观察到的测试项目分数的给定配置。

然而，因子分析的数学运算表明 g 因子的分数值并不是由该方法所唯一确定的。该方法所确定的只是它们的顺序——顺序测量的结果。因此，通常会对其施加一个实用限制性条件，并分配分数以使其呈高斯分布（平均值为 100，标准差为 15）。重要的是要认识到，这与第一种构造测量智商的方法所产生的高斯分布非常不同，即使两者的结果都是多个项目的总和。第一种计算方法是由于求和的统计特性而导致近似高斯分布，而因子分析方法在建模时明确地采用高斯分布。因子分析方法的显著优势在于，如果没有单一的共同因子能够很好地解释相关性，那么我们可以通过假设几个这样的潜在因子来扩展该模型，每个因子都涉及智力的不同方面。有很多关于智力不同方面的测量方法的研究，不同的理论将产生不同数量的智力"类型"。

智商可能看起来特别简单，因为仅仅是基于项目得分总和的比率。但是在采用这种方法时，我们必须认识到，简单的未加权和与对测试进行同等加权是具有同等意义的：与其他任何选择一样都是主观选择。理想情况下，我们需要找到一种客观的方法来提供权重，而因子分析就可以提供这种权重。

以比较两种智力测试为例，就可以看出这两种方法之间的区别。假设两种智力测试的项目都涵盖多种不同的能力，但其中一种测试包含少数与算术能力相关的项目，而另一种测试则包含许多与算术能力有关的项目。显然，如果以第二种测试来测量智商就会更加重视算术能力，因为许多算术项目都会对总分有贡献。这是不理想的：我们需要某种方法来避免这样一个事实，即针对智力的不同方面所做出的对项目相对数量选择的任意性会影响最终得分。因子分析避免这一点的原理是关于测量不同算数能力的项目所针对的都是算数方面，因子分析将识别出这些项目具有较高地相关性。

当然，如果所有的项目都与算术能力无关，那么我们不应该期望最终智力的测量结果反映出算术能力这方面，不管我们用 IQ 还是 g 因子。虽然复杂的测量程序可以完成令人惊奇的事情，但它们不能创造奇迹。

从以上可以看出，对智商测量的一个主要弱点就是其对项目的初始选择。改变对项目的选择就可以改变 IQ 分数。然而，对于 g 因子测量方法而言，这并不是一个严重的问题，因为其设定项目已经包含了所有与智力相关的方面，而得分结果均会对其进行适当地考量。另一种看待此问题的方法就是，IQ 是一种将智力不同方面的多维空间缩减为单一空间的过程，而 g 因子则明显地证明智力的多元属性并测量其最显著的属性。在两者之间，g 因子更可取，但许多将 IQ 与 g 因子的混淆暗示了在智力测量方面存在许多争议。

通过智力测量的例子可以清楚地说明行为科学领域中所面临的困难。最关键的是，没有标准量具，没有可以对个人进行评分的基本单位的对象。以上种种表明心理测量的任意性，以及需要实用的限制来使该测量唯一。此外，如果我们用不同的测试项目来测试两个人，那么我们将会怀疑测量结果之间的可比性。同样，如果我们用不同的人群来开发智力测量方式，那么 IQ 在人群中的标准化也会不同。这也意味着在计算某个人的 g 因子与人群的 g 因子所采用的权重有可能不同。如果我们要声明测量的是同一对象的话，就必须相信它们是足够相似的。

在智力测试的背景下，作为一个与行为和社会测量相关特殊挑战的例证，这将是一种监督，更不用说弗林效应（Flynn effect）。弗林效应描述了一个很乐观的观察结果，即在一百年的时间内，智力测验分数呈规律的上升趋势。这种上升趋势体现的并不是真正影响智力的问题：我们的祖父母和曾祖父母都不是白痴。对此的一种解释是，随着世界越来越严重地依赖符号和对符号的处理，人们越来越熟悉智力测试中抽象的心理特征。

第6章

社会科学、经济学、商业与公共政策领域中的测量

正如第 1 章中提到的那样，如果说测量的起源在于满足对诸如质量和长度等基本物理概念的需要，那么测量技术的发展在很大程度上则归功于社会领域各个方面对测量的需求。社会领域的测量涉及广泛的主题，为政府、公共政策、国际关系、劳资关系、经济学、学术社会科学研究、商业和贸易的等诸多领域提供基础。它对我们了解社会以及我们在社会中的生活方式，变革的监测和指导，确定项目是否有效运转，以及是否承担责任等方面都是十分必要的。社会测量对教育和卫生系统的设计、交通系统的运行以及新城镇建设也至关重要。

我们在第 1 章中也看到，从广义上讲，社会测量是一种聚合（aggregate）测量，是对许多单种价值的总结，例如，收入中位数、生育率、国内生产总值、国民福利和犯罪率等。这不是我们第一次遇到聚合测量，在此之前，我们曾以不同的方式遇到过它们。在第 5 章中，我们看到不同测试项目上的分数集合被用于生成待测属性的整体值，例如对智力或抑郁程度的测试。然而，本章中的聚合源自不同对象相同属性值的积累，每一个对象都有其自身的价值。因此，社会测量体现的是对某一个群体的统计摘要。

统计摘要可以来自人群中每个成员的数据，例如来自一次人口普查（见插图 6），或者来自某一俱乐部或公司。我们可以根据这些数据来计算成员的统计摘要（如平均年龄、性别比等）。在其他情况下，把统计

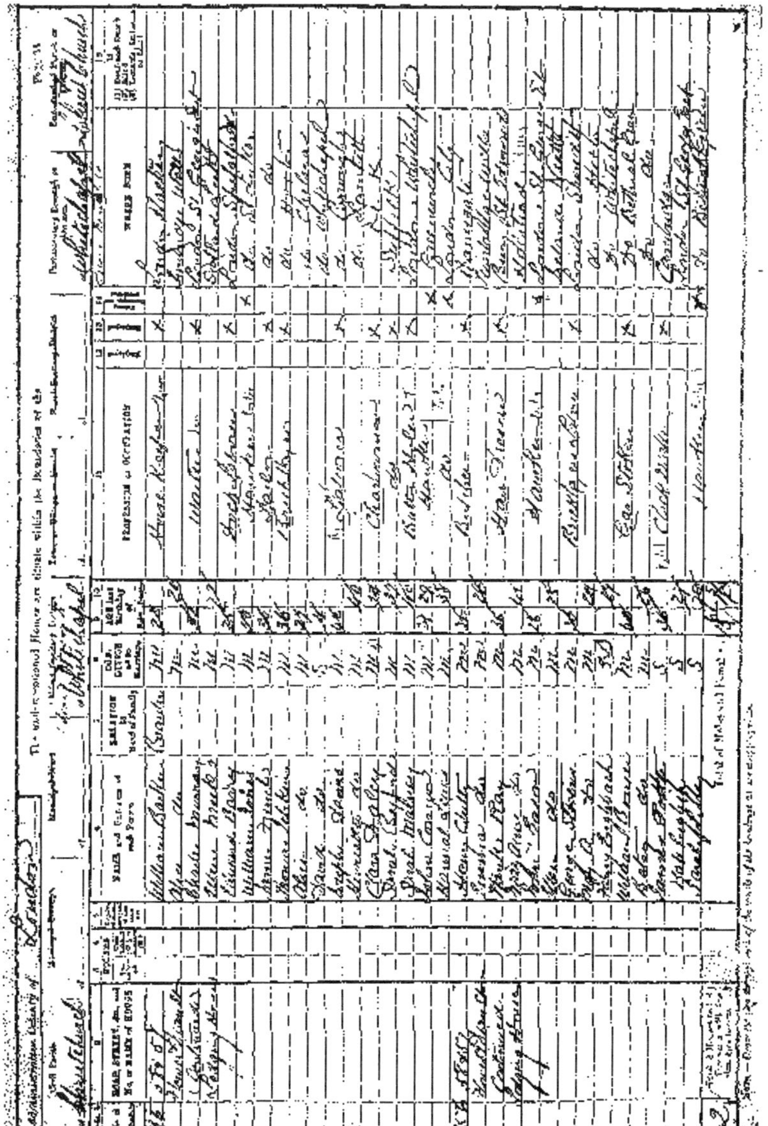

插图 6　1901 年英国人口普查部分摘录 ①

① 本表源自英国国家档案馆的资料，原图不清晰，仅供参考。——译者注

摘要仅建立在样本而不是整个群体的基础之上可能更方便（或更便宜，甚至在某些情况下更准确）。在这种情况下，为避免结果产生偏差，仔细选择样本显然是至关重要的。例如，上午 11 点进行的上门访谈样本会遗漏大部分当时处于工作状态的人群。调查抽样原则解释了如何提取有效样本，并根据这些样本得出估计值。

某些社会测量有对应的单位。一个国家的失业率是失业人口的比例，但针对一个人的失业率，根据他是否失业其失业率是 0 或 1。但其他社会测量则没有对应的单位，例如，财富不平等用于表示财富是如何分布在不同的人群中的，它是对分布形状的统计摘要。虽然一个人会拥有一定数量的财富，但他们自己不会有衡量财富不平等的标准。

通过揭示涉及自然科学和社会科学的跨越式关系，聚合现象的测量取得了新进展。我们首先注意到，统计（statistics）一词起源于对国家问题的研究，即对人类社会中社会现象和经济现象的数字化总结。一旦描述人口的数字开始被收集，规律就变得明显，保险业就是基于这些规律运作的。乔治·布尔（George Boole）在 1854 年出版的《思维规律的研究》（*Laws of Thoughts*）一书中曾写道："现象，在大量人所关注的产生过程中，确实表现出非常显著的规律性。"托马斯·亨利·巴克尔（Thomas Henry Buckle）在他的三卷著作《英国文明史》（*History of Civilization in England*，1857 年至 1878 年出版）中指出，自杀率和未署名地址信件的规律各不相同。

规律性开启了对社会现象进行数学描述的可能性，即社会现象可以用类似于如描述力学、电学等物理现象的方式来进行。因此，社会统计学家阿道夫·凯特勒（Adolphe Quetelet）在 1835 年发表了其开创性著作《论人和人类能力的发展》（*A Treatise on Man: And the Development of his Faculties*），又名《社会物理学论文》（*Essay on Social Physics*）。实际上，他写道："在赋予我的作品社会物理学的称号时，我的目的无非是以统一的顺序收集影响人类的现象，就像物理学将与物质世界相关的现象汇集在一起一样。"

这种"社会物理学"的特点在于，这些定律源自大量不同且基本上独立的组成要素的个体行为，且每种要素的行为方式都各不相同，甚至可能是随机的。物理学家们注意到这一现象，即社会测量中的总体规律是源自潜在的、大量的不可预测行为，并成为推动热力学 - 统计物理学发展的重要因素之一。物理学家詹姆斯·克拉克·麦克斯韦（James Clerk Maxwell）和路德维希·玻尔兹曼（Ludwig Boltzmann）都提到巴克尔的书，并指出正是这种聚合使社会的规律性变得明显：麦克斯韦在开始研究气体动力学理论的前一年就读过巴克尔的著作。麦克斯韦还知道凯特勒使用的"偏差率"，这是在第 5 章中遇到的中心极限定理的一个早期术语，它表示平均数或总和往往具有高斯分布（凯特勒借鉴了其在天文学中的应用）。麦克斯韦认为，同样的数学描述也适用于气体分子速度的分布。

但是故事并没就此结束。社会科学领域的研究人员注意到运用统计物理学将自然物理现象分解为大量小元素的组合所带来的成功，也开始借鉴这种方法。例如，受美国物理学家威拉德·吉布斯（Willard Gibbs）的论著《关于多相物质平衡》（*On the Equilibrium of Heterogeneous Substances*）中热力学模型的启发，诺贝尔经济学奖获得者、经济学家保罗·萨缪尔森（Paul Samuelson）出版了《经济分析基础》（*Foundations of Economic Analysis*）。著名经济学家欧文·费雪（Irving Fisher）和扬·丁伯根（Jan Tinbergen）（第一位诺贝尔经济学奖获得者）两人最初都是研究物理学出身。最近，经济物理学（econophysics）的子学科如雨后春笋般出现，包括运用统计物理学的方法对社会事务和经济事务进行明确的建模。

因此，我们看到社会科学从物理科学中汲取思想，然后物理科学从社会科学中汲取思想，如此反复的交替。这是由于在物理科学中宏观物体是显而易见的，而微观成分（如原子和分子）则是推测出来的。在社会科学中，构成对象是非常明显的，但聚合的"真实性"就不那么明显了。这些思想的发展历程说明了测量是如何促使新概念产生的。

很明显，测量可被应用于社会领域的各个方面。在教育方面，我们可以测量师生比、每名学生的教育成本、持续缺课率、学生的成功率，以及教师和学校成功率的指标等。在健康方面，我们可以测量 75 岁以下癌症死亡率、戒烟人数、接受免费健康检查的合格人群的百分比、各种原因的急诊入院人数、医院统计数据等。在评判地方政府的表现时，我们可以衡量人均净成本、警务人员与人口数量比、犯罪率、每千米高速公路养护成本、各类困难家庭百分比等。可见，对社会属性的测量确实是无穷无尽的。这意味着，与其他一些测量相比，社会科学测量甚至可能更需要考虑到测量工作的目标。

应对这种多重潜在测量的策略是建立一个测量档案来尝试涵盖我们认为重要的领域。毋庸置疑，档案不应涉及太多种测量方法，曾经有一些组织使用了数百种测量方法的案例，这反而会适得其反。有人建议 10 到 20 种为佳，尽管这仍然取决于应用实际。"世界大学学术排名"[①]（Academic Ranking of World Universities，ARWU）采用了 6 个指标，即获得诺贝尔奖或菲尔兹奖的校友人数、获得诺贝尔奖或菲尔兹奖的教师人数、各学科领域被引用次数最高的科学家数、在《自然》（Nature）与《科学》（Science）上发表的论文数、被科学引文索引（Science Citation Index）和社会科学索引（Social Science Index）收录的论文数，以及上述 5 项指标得分的加权平均值（weighted average）。

不可避免地，一旦建立了档案，就会有将不同的方法结合起来而得出单一分数的趋势。在许多社会背景下，这种压力来自热衷于制作排行榜（league table）的媒体。在其他情况下，需要单因素模型来指导决

[①]　ARWU 于 2003 年首次由上海交通大学世界一流大学研究中心发布，是首个综合性的全球大学排名，被广泛引用；2009 年改由上海软科教育咨询有限公司发布。——译者注

策。对于世界大学学术排名而言，使用明确规定的权重来生成加权和，这个操作的实用性将非常明确，而其他的大学排名系统则使用的是不同的指标和权重。

附带一提的是，当提到排行榜时，不要对其进行过度解释。原始数据的不准确通常会导致排行榜中准确位置的不确定性，因此通常情况下，每年的排名都会出现大幅跳跃性变化。针对其他领域也应同样保持谨慎：GDP 的微小变化可能会成为媒体关注的焦点，但考虑到其测量时的精度，这一微小变化很可能是无关紧要的。

体育运动中也存在类似的问题。在一些运动项目中，决定要测量哪些属性来确定选手的排名是相对简单的。例如，100 米短跑或赛车的获胜以完成比赛的时间来衡量。虽然测量技术的机理可能很复杂，但毫无疑问，其所完成的时间是关键的属性。然而，在其他运动项目中，情况更为微妙。例如，在十项全能比赛中，需要找到一些方法将不同项目（距离、时间、体重等）的成绩结合起来而得出总分。不用说，这在很大程度上是一种务实的选择。

体育和游戏排行榜基于许多不同的排名和评级系统，具体例子包括科利法（Colley method）、波达计数法（Borda count）、国际象棋常用的等级分法（Elo method）以及基纳法（Keener method）。虽然这些方法通常与更复杂的数学方法有关，例如第 2 章中提到的布拉德利 - 特里模型，但它们通常也具有特定性，反映了它们在特定实践传统中的根源。

许多社会测量具有与行为测量相似的复杂性，而物理科学和工程领域中的测量则不具有这种复杂性。特别是，人们可以操纵测量过程，也许是故意要引起误导。对欺诈（fraud）进行量化就是一个例子。在对英国因欺诈造成损失金额的研究中，我与戈登·布兰特（Gordon Blunt）评论道，故意隐瞒欺诈行为为提出欺诈行为的基本定义造成了困难（是否只发现冰山一角）。而且随着采用新的检测和预防方法，欺诈的性质会随着时间的推移而改变。

有时，由于测量策略的构建不当会导致结果的失真。如果用一种或几种方法来评估一个社会系统，就有可能忽略其他方面。经典（虚构）的例子是一个关于钉子工厂的故事，该工厂的生产绩效是通过其所生产的钉子质量来衡量的，结果工厂就生产出了唯一一个巨大且非常重的钉子。但这种情况并不总是虚构的，它们的确也会在现实生活中出现。教育领域中的分数膨胀（grade inflation）现象就是一个常见的例子。学生们更愿意参加给分更高的教授的课程。他们还将在反馈中对这些课程及其授课的教授给予更高的评价。在提交给雇主的成绩单上，分数越高看起来越好，因此那些授予更高分数的大学似乎也更有吸引力。所有这些因素和其他因素共同推动了分数的上升。

除了所有这些潜在的问题外，一个有用的社会测量一定不能太不稳定，不能随着时间的变化而变化。但它们也不能一成不变，这样就不能反映出相关的变化。

经济指数

指数指标被广泛使用，尤其是在经济领域内，具体的例子包括股票市场指数，如英国富时指数（FTSE100）、美国道琼斯工业平均指数、日本日经指数（Nikkei index）、劳动力市场指数、产出指标（如国内生产总值 GDP、国民总收入 GNI，以及国民生产总值 GNP）和收入指标、生产力指标、幸福感指标、贫困指数（index of deprivation）指标以及价格指标等。我将以价格指标为例说明这些测量背后的一些基本思想。

每个读者都知道，价格是波动的，其往往会随着时间的推移而上涨。测量这种所谓的通货膨胀有很多重要的原因，这样养老金就可以适当提高，可以计算出投资的实际回报率，可以为工资协商提供依据等。通过对通货膨胀进行测量，我们可以得出货币的购买力如何随时间发生变化。

如果只有一种"产品"或一种"服务"，测量通货膨胀很简单：我们只需将其当前价格与一个较早的（基准）价格进行比较，并查看其价格上涨了多少百分比。然而实际情况往往没有这么简单。

首先，我们购买很多不同的产品，消费很多不同的服务，它们的价格以不同的速度发生变化。为了获得一个总体通货膨胀的测量值，我们需要想象存在一个项目集合——即所谓的"一篮子项目"（basket of items）——以某种方式把项目的价格变化进行组合得出一个总体测量变化值。为了说明这种做法的规模，以建立美国的消费者价格指数体系为例，"经济助手们"要去商店、服务机构以及其他销售点，记录每个月约 80 000 个精准界定的物品价格。与此同时，他们还收集来自 30 000 个周日志以及 60 000 个季度采访中的数据以此来确定人们正在购买的物品种类。在英国，类似的做法包括每月在英国约 150 个城镇和城市中收集约 700 种商品和服务的"一篮子项目"价格，共计约 115 000 种[①] 价格数据。以上活动范围也从侧面体现出通过网络自动收集数据具有显著优势的原因，我们预计在未来几年会朝着这个方向做出更多改变。

其次，技术进步意味着随着时间的推移，一些物品变得不那么重要，而另一些物品变得更重要，甚至几乎是普遍拥有的。虽然几个世纪前，蜡烛可能会在每周的购物篮中占据重要位置，但现在它们的重要性已经大大降低。将蜡烛价格的变化包含在内，是否对我们测量现代世界物价通胀的整体指标有用，这将是值得怀疑的。相反，手机在不久前还不存在，但现在已成为消费者购物的一个重要方面。

事实上，蜡烛和手机一起为第三个论点提供了一个很好的例子。香薰蜡烛、不同形状的蜡烛，以及各种各样的特殊蜡烛，它们在社会中所扮演的角色显然与过去蜡烛所扮演的角色大不相同。产品本身的性质已经发生了变化，使人们怀疑将今天的价格与昨天的价格进行简单比较是否明智和其比较的目的何在。同样，手机在功能和质量方面也在不断完善。一部老款手机很可能无法与新款手机相提并论。更一般地说，商品

---

① 原文有误，应为 105 000 种。——译者注

的质量可能会有所不同，廉价的劣质商品不应被认为等同于同一商品的昂贵的高质量版本。

即使对于特定商品，供应商之间的竞争也意味着它可能不会有统一的价格。这可能取决于是从哪家商店购买，或者是否通过买一送一或其他优惠活动购买。

通常每年都会对"篮子"内的商品进行检查，以进行诸如此类的更改。替代方案虽然产生了严格可比的指数，但将意味着它的用途逐渐变得与最初被放入"篮子"中时的用途无关。

在选择"篮子"里的物品时，还有一个关键点：不同的人有不同的购买模式。有车的人买汽油，没有车的人不买。有些人抽烟，有些人不抽烟。退休人员的消费模式可能与在职人员或需要抚养年幼子女的人截然不同等。所有这些都意味着不同的人有不同的通货膨胀率。诸如消费者价格指数之类的总体测量指标是国家综合指标，因此它可能代表与任何特定消费者截然不同的体验。

关于价格指数的构建，有许多不同的哲学观点。公理理论（axiomatic theory）试图构造一个满足许多数学性质的指数。经济学理论（economic theory）根据潜在指标与经济概念的关系来评价指标的制定。随机方法假定所有项目都有一个共同的基本通胀率，以及关于通胀率的唯一随机变异（如因子分析法）。迪维西亚指数（Divisia index）理论将时间视为连续的变量，而不是以离散的（如每年）步骤发生。

公理理论要求价格指数满足各种性质的例子包括：①如果购买所有物品的货币以同样的方式改变（如从美元变为英镑），则价格指数应保持不变；②时间 t 相对于时间 s 的指数值，应该等于时间 s 相对于时间 t 指数值的倒数；③时间 t 相对于时间 s 的指数和时间 s 相对于时间 r 的指数值的乘积，应该等于时间 t 相对于时间 r 的指数值。虽然提出此类属性非常有吸引力，但不可能构建出一个满足所有这些条件的指数。结果就是，我们必须对何种属性更为重要做出选择，而这又取决于指数的预期用途。

所有这些潜在的选择意味着许多不同指数构建方法已经被提出。卡里指数（Carli index）是基于"篮子"内商品的价比（price relative）而得出的算术平均值。价比指在时间 t 时的商品价格与基准期 O 的商品价格的比值，即 p_t/p_O。杜托指数（Dutot index）则是取时间 t 时商品价格的算术平均值与基准期 O 商品的算数平均值价格之比。杰文斯指数（Jevons index）则是取价比的几何平均值。当然，还有其他的指数。我们立即意识到，我们可能想在计算中对价格或价比进行加权。此外，虽然目前我们讨论的只是在价格方面，但在数量 q 方面也存在相应的讨论。购买商品的价值是单位商品的价格与购买商品单位数量的乘积，即 pq。"一篮子项目"商品的总价值是该"篮子"商品价值的总量。时间 t 的拉斯拜尔指数（Laspeyres index）内商品价格总量与基准期 O 的商品价格总量之比，其在计算时使用的商品数量均为早期时间点的商品数量。帕氏指数（Paasche index）在计算价格总量时采用的是晚期时间点的商品数量。"早期"时间可以是固定日期，其对于所有计算都是相同的，也可以是随着时间的推移而改变的。例如，对每种情况都计算的是与前一年相比的数据，这被称为"环比价格指数"（chaining price index），其在国家统计局编制的指数中很常见。环比价格指数意味着指数的组成随着时间的推移而更新。

许多其他指数也已被提出，这些指数都有不同的特性。这次讨论中可以明显看出，在测量方面构建价格指数是非常务实的。公理理论明确地构造了该类测量，并赋予其一定的极具实用性的性质。即使是随机方法也可被认为是一种便于随着时间的推移而总结出各种商品不同价格演变的方法。

讨论表明，价格指数的构建是一个复杂的过程，并没有唯一的"正确"答案。但其他经济指标和社会指标的构建更加复杂。价格指数至少在试图总结同一种类下的多种测量属性。相比之下，贫困指数则必须结合各种贫困情形下不同层面的属性，使之更明确与实用。2010 年英国贫困指数确立了 7 个贫困相关领域：即收入、就业、健康和残疾、教育及技能和培训、住房和服务障碍、犯罪以及生活环境。通过对以上维度定义下设指标，然后将这些指标组合起来从而得到该领域的总得分。这一简单的描述掩盖了背后某些复杂的统计分析。例如，仅仅是由于随机变异性，基于小数字的值就将更不确定，所以使用一种被称作收缩估计（shrinkage estimators）的统计工具，使它们在被组合之前以不同的方式对不同的维度进行标准化和转换。最后，对转换后的领域得分进行加权合并。

国民幸福指数（national well-being index）描述了另一种社会测量方式。传统上，国家的福祉与进步集中在如 GDP 之类的经济测量方面。但缺点是，GDP 只是测量国家福祉与进步的一部分。罗伯特·肯尼迪（Robert Kennedy）在其 1968 年著名的演讲中对此表达了他的观点，他说道：

> 我们的国民生产总值……将空气污染和香烟广告，以及救助高速公路车祸的救护车都计算在内。它将门上的特殊门锁，以及那些越狱的人也计算在内。它将红杉的毁坏以及自然奇观的消失也计算在内。它将凝固汽油弹和核弹头的成本，以及街道上与暴乱做斗争的警察装甲车的成本也计算在内……然而，国民生产总值并没有考虑到儿童的健康、他们的教育质量或他们玩耍的乐趣。它不包括诗歌的美或婚姻的力量，不包括公共辩论的智慧或公职人员的诚信……简而言之，它测量一切，但不包括那些让人生有价值的东西。

为了制定更好的测量方法，各种各样的国家倡议已经被启动。2009 年，经济学家约瑟夫·斯蒂格利茨（Joseph Stiglitz）、阿马蒂亚·森（Amartya Sen）和让-保罗·菲图西（Jean-Paul Fitoussi）为时任法国总统的尼古拉·萨科齐（Nicolas Sarkozy）撰写了一份报告。这份报告提出了一些建议，包括应当强调家庭视角，应当考虑收入分配、消费和财富（如不平等）等因素，应该衡量非市场活动，应考虑个人生活质量也与此相关，对个人福祉的客观和主观衡量均提供关键信息，应包括绩效相关的可持续性指标，而且环境破坏也应该被考虑进去。

由此可以得出，虽然国民福祉很大程度上取决于对该国人民个人幸福的概括性测量，但它也包含其他非常重要的组成部分，不能用同样的总和方式来测量。同样显而易见的是，国民幸福指数的各个方面在质量上也是不同的，因此将它们合并成一个单一的测量标准其实是很困难的，而测量"配置文件"或"仪表盘"也许会更可取。与测量国民幸福度水平的所有维度不同的是，绩效测量中关于"配置文件"和"仪表盘"的概念体现于"关键业绩指标"（key performance indicators，KPIs）之中。"关键"意味着它们是重要的方面，通常与目标结合使用。在管理学中，与此相关的是"平衡计分卡"。这些通常是基于业务的几个可量化方面的战略管理工具，包括财务和非财务方面，它们可以一起用来表示业务的运行状况，并作为控制的基础。

博弈及其相关问题

本章这一部分讨论的测量通常与竞争和比较有关。这些竞争与比较可能存在于个人或组织之间，或者可能与目标与业绩之间的匹配度有关。测量工作简化了比较，将现实世界中的巨大复杂性缩减成为单一（或也可能是一些）量化值，以便于我们比较数值大小。问题在于，这种从复杂到简单的简化必然会丢掉被测量世界中许多的微妙之处。这种简化是许多反对测量和量化的核心问题之一。

这种简化还有另一个副作用，即可能会以不同于预期的方式来优化单一简化的测量。前面所提到的钉子工厂的例子就说明了这一点。另一个典型的例子是迈克尔·布拉斯兰（Michael Blastland）和安德鲁·迪诺（Andrew Dilnot）在他们所著的《数字唬人：用常识看穿无所不在的数字陷阱》（*The Tiger That Isn't：Seeing Through a World of Numbers*）

一书中所描述的。2001 年，英国政府设定了一个目标，即救护车必须在接到报警后 8 分钟内到达 A 类紧急情况现场。这似乎是一个极大的提升。然而，对到达时间的研究显示，在 8 分钟内出现了一个峰值，之后不久就消失了。很明显，通过玩弄"紧急"电话的定义（即曲解号码）就能达到目标。

这种博弈已经在很多情况下被研究过了。以经济学家查尔斯·古德哈特（Charles Goodhart）命名的古德哈特定律（Goodhart's law）表明，一个具有针对性的经济时间序列会变得失真且不可用。坎贝尔定律（Campbell's law）则说得更糟：社会决策中使用的定量社会指标越多，就越容易受到腐败压力的影响，也就越容易使其预期监测的社会进程受到扭曲与腐蚀。一个包含有这种影响的测量例子是医院候诊时间（通过引入一个系统，在这个系统中，到达者被添加到正式的候诊列表之前必须等待，从而减少了明显的候诊时间）。更多的例子包括：外科手术的成功率（外科医生通过只接受那些不是很严重的病例来提高他们的手术成功率）、美国的联邦国民抵押贷款协会（Federal National Mortgage Association）对报告更高收益的高管们实施奖励（即使这些收益后来被证明是误报的）、英国的研究评估活动（research assessment exercise，大学可以选择对哪些员工进行评级），以及婴儿死亡率有时被用作衡量欠发达社会的整体健康状况（但如果把重点关注在该指标上，可能会导致死亡率的降低，而不会对社会的其他方面带来任何相应的改善）。

古德哈特定律、坎贝尔定律以及类似的理论都涉及一个系统将受选择测量方法影响而导致其结果失真的问题。但相关的问题也可能出现在基本的数据收集层面。例如，个别受访者可能不愿意如实回答敏感问题。第 5 章中提到的随机化回答法（randomized response method）是获得敏感项目总体价值估计的工具，被测试者可能会拒绝回答或给出错误的答案。例如，获得青少年性经验的统计数据，或者人们付现金给建筑商做一些小的修缮工作（避税）。这类工具的基本形式如下，假设问题有两种可能的回答，是和否，其中"是"是敏感的回答，可以联系支付建筑商现金的例子。每个受访者都被要求掷一枚硬币，将结果隐藏起来，如果硬币正面朝上，则回答"是"，如果反面朝上，则如实回答。因此，任何回答"是"的人，其真相仍然未知，因为研究人员不知道硬币是正面还是反面。然而，如果样本中支付建筑商现金的真实比例为 p，那么研究中回答"是"的总比例将为 $\frac{1}{2} + \frac{1}{2}p$；反过来，也可以根据样本中观察到的比例来估计 p。

第7章

测量与理解

精确性

在第 1 章中，我们了解了精确测量的重要性。我们注意到，导航需要精确的位置信息，工程需要精确的尺寸测量，科学需要极其精细的测量。例如，在科学领域，只要测量结果可信，理论值和观测值之间的微小差异就可能产生重大发现。"可信"这个词也暗示了测量的道德方面。精确的测量值得尊重和信任，基于确凿证据的决定更有分量。

虽然对提高精确性的追求可能是由应用的需要来驱动的，但为了实现精确测量而付出的努力本身也会推动其他方面的发展，包括测量仪器和测量系统的发展，也包括进行更精确测量所需的工具和方法的发展。长度测量建立在将一个长度单位（如英尺）等分为几个间隔的方式之上，这种方式很快就会达到测量精度的极限，尤其是由定义间隔的标记的厚度所带来的限制。这意味着，对提高精确性的动力本身就会刺激发展，从而导致理解力的提升和科学的进步。

不同的测量方法容易受到不同误差源的影响。人类直接参与的测量很容易受疲劳、动机、粗心、厌倦、注意力分散以及许多其他导致失真的因素的影响。事实上，不同的人对刺激的反应是不同的。需要人类记录数值的测量方法可能会遇到记录和抄写不正确、小数点错位、数字移位、数字偏好（将数字四舍五入为方便整理的整数的倾向）等问题。除此之外，还有由于仪器引起的测量误差，如当仪器的测量范围受到限制时的"地板效应"和"天花板效应"。

就像恒星亮度的闪烁变化受到地球大气层不稳定气流的影响，电子电路受到热噪声的影响一样，电子和其他物理系统将在其精度限制内受到重复测量之间随机变异的影响。经济统计数据可能会受到数据缺失的影响（例如，可能并非所有接受调查的公司都报告过销售数据）。由于没有对全体人口进行调查，而只是抽样调查，使得社会统计数字具有内在的差异。

上一个例子带来了一种提高测量精度的重要方法，我们在第 1 章和第 5 章已经谈到过，这就是重复测量并取平均值。广义上讲，几次独立测量值的平均值的可变性要比每项单独测量值的可变性小。此处的"独立"意味着测量程序是重新开始的——在平均 10 次测量中，最后 9 次测量都只是简单地重复第一次测量，其所获得的可变性与第一次测量是相同的。但是当重新开始重复测量，其测量结果中的任何随机变异都可能会倾向于抵消：一些测量结果将被高估，而另一些测量结果则会被低估。

然而，正如前面所看到的那样，平均多个测量将会减少由于随机变异产生的误差，但它却并不能改善系统误差。如果 10 次测量中的每一次测量都是相同的量（如在第 5 章中提到的浴室秤误差），那么多次重复测量结果也不能消除误差。

测量精确性的这两个基本方面有时被称为精度（即重复测量结果围绕中心值波动的程度）和偏差（任何与基础真实值的系统偏离，会影响所有重复的测量）。不同的学科使用不同的词来表达相同的概念，如可靠性和有效性（validity）。插图 7 就说明了这两种不确定性。

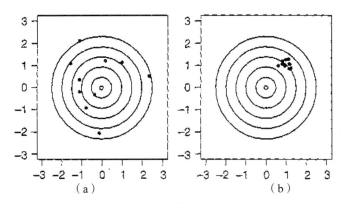

插图 7　在图（a）中，数据点分布在目标中心附近，但由于数据点分布范围太广而不准确；在图（b）中，数据点具有较小的离散度，但由于它们的位置不在目标中心，因此也是不准确的

　　测量的精度方面反映了测量结果在重复测量之间变化的方式，通常根据误差范围（error bounds）来报告。例如，我们可能会看到一个测量报告为（5.3 ± 0.5）千克，这意味着真实值被认为在 4.8 千克～5.8 千克之间。不幸的是，没有一个通用的标准来定义这样的间隔。0.5 可能是指一个标准误差、两个标准误差，或者其他一些精确度测量，因此有必要保持警惕。

　　顺便说一下，正如第 3 章中看到的，我们不应该被大量数字报告的虚假精确性所误导。例如，有人声称世界人口数量为 7 364 259 981，男性的平均体重为 81.646 63 千克。对于这两个数字我们应当持保留态度。第二个例子说明了新闻报道中偶尔出现的一种现象。这里的精确度完全是虚假的，男性的平均体重值从 180 磅[①] 换算而来，可能只是一个近似的数字。通常，对得出这些数字的测量程序进行一些思考，就可以理解这种现象的存在。

测量与统计

　　这里有一个简单的统计学问题：我有两个盒子，每个盒子中装有

---

① 　1 磅 ≈0.454 千克。——译者注

3 个对象。第一个盒子中的对象的测量值为 1、2、6，而第二个盒子中对象的测量值分别为 3、4、5，哪个盒子中对象的平均测量值更大？

要回答这个问题很容易，第一个盒子中对象的平均尺寸为：

$$（1+2+6）/3=3$$

第二个盒子中对象的平均尺寸为：

$$（3+4+5）/3=4$$

因此，第二个盒子的平均值更大。

从数字的角度来看，答案是正确的，不容置疑。然而，当我们问及测量有关的问题时，我们对数字本身并不感兴趣，而是对这些数字能告诉我们关于世界的什么感兴趣。

现在假定这些对象是钻石，测量的是它们的质量，以克为单位。我们的计算体现的是第二个盒子中的钻石平均质量值要比第一个盒子更大。此外，既然质量是以比例尺度的方式进行的测量，那么我们就可以将质量值与某些常数相乘进行转换，由此而得到的数值仍然代表的是钻石质量之间的实证关系。例如，通过乘以常数 5 [1 克等于 5 克拉，"克拉（carat）"源自角豆（carob bean），曾被用作宝石质量的基本单位]，可将钻石质量单位由"克"转换为"克拉"。由此我们可以得到第一个盒子中钻石的质量值为 5、10、30，而第二个盒子中钻石的质量值为 15、20、25，两个盒子的平均值分别为 15 和 20。因此，不论是以克为单位，还是以克拉为单位，第二个盒子钻石的平均质量值要比第一个盒子的要更大。

现在假设，原来的测量值代表的是两组对象的硬度，用莫氏硬度量表（Mohs scale）测量。如第 2 章所述，莫氏硬度量表是将矿物放在 1 到 10 的刻度上，根据它是否被刮伤，或者其被一组硬度不断增加的 10 种材料的刮伤程度而获得的。然后，同样的计算结果会使我们得出结论，第二个盒子里的对象的平均硬度大于第一个盒子里的对象的平均硬度（仍然分别是 4 和 3）。

但是，在表征测量术语中，莫氏硬度量表仅代表序数。在保持顺序的前提下，1 到 10 的赋值是任意选择的。在这种情况下，我们可以用数字 1、3、5、6、7、17、18、19、20 和 21 代替数字 1、2、3、4、5、6、7、8、9 和 10 来表示定义莫氏硬度量表中 10 个对象的硬度。这套新的数值将同样合法地代表定义莫氏硬度的 10 种矿物的硬度顺序。如果我们用这组新值，两个对象集合的平均硬度将分别是：

$$(1+3+17)/3 = 7$$

以及

$$(5+6+7)/3 = 6$$

现在第一个盒子中的钻石平均硬度值要更大。

注意即使是用"中位数值（median）"来取代"平均值（mean）"，这种转换也不会改变两组数据的比较结果。在第一个例子中，在转换之前我们获得的两组数值的中位数值分别是 2 和 4，而转换之后则为 3 和 6。尽管数值发生了变化，第二组数据在转换之后的中位数值仍然更大。事实上，不论数值如何转换，只要顺序不变，第二组数据的中位数值将比第一组数据的中位数值要大。

第 2 章有一个重要的例子，其描述了用分布的分位数来替换序数分数值。我们在那里曾警告说，这样做并非没有危险。通常，实用测量转换应被视为测量程序定义中的一部分，因此测量尺度产生之前和产生之后这样的转换可能会被视为获取被测量对象的不同方面。

从表征的角度来看，这类尺度转换会导致结论变化的问题，导致人们认为由尺度的类型（尤其是对它们允许转换的判断）可以确定适用于一组数字的统计运算方法。但这也并非完全正确，统计运算的合法性取决于它的适用环境，以及其预期需要回答的问题。

塑造世界

表征测量运用一些非常深入和强大的工具来构建关于世界如何运作的模型或理论。我将用经典物理学的简单例子来说明。

经典物理学中涉及的大多数变量都是比例尺度变量，包括长度、重量、质量、运行时间、电荷、速度等。这意味着物理性质的数值表示是用任意选择的基本测量单位来描述的，我们可以通过调整尺度来改变数值。

现在，自然法则（或模型、理论等）的基本要求是其形式不应依赖于任意选择。从某种意义上说，这就是"定律"在科学中的含义：它是几个变量之间关系的恒定形式。特别是，这意味着当我们改变一个涉及比例尺度变量的定律中某个变量的测量单位时，唯一的变化应该是其他变量测量单位的变化，定律的形式应该保持不变。

例如，欧姆定律告诉我们电压（V）、电流（I）和电阻（R）之间的特性关系，即 $V=IR$。这里 V 是以伏特为单位，I 是以安培为单位，R 是以欧姆为单位。如果我们将电流单位改为毫安（即将 I 的值乘以1 000），同时 R 的单位仍然为欧姆，那么将 V 的单位改为毫伏意味着关系保持不变。尺度调整变换，即允许在以上测量之间进行的转换，使得定律的形式（form）不变。例如，定律不会变成 $V=I^2R$。

这是一个已经被证明了的，在物理定律建构方面强有力的观点，即不变性（invariance）。在这种情况下，这是物理定律通过比例尺度转换为原始变量后形式的不变性，但在其他情况下，则是对其他类型变换的不变性。事实上，可以毫不夸张地说，从阿尔伯特·爱因斯坦（Albert Einstein）与惯性参照系，到埃米·诺特（Emmy Noether）与能量守恒定律，整个现代物理学都是建立在这些观点之上的。物理学中规范场论（gauge theory）的名称起源于对某些转换的不变性。

为了阐释这些观点的有力性，设想我们正试图描绘与两个变量 x

和 y 有关的物理定律，已知这两个变量都是以比例尺度的方式进行测量的。除此之外，假设 x 和 y 是通过某一未知函数 f 联系在一起的，即 $y=f(x)$。现在改变 x 的尺度意味着乘以某个常数 k。由于其必须保持函数的形式，这又会导致 y 乘以某个常数 c，比如 $cy=f(kx)$。很容易看到，函数 $f(x)=\alpha x^\beta$ 的形式满足这一条件，其中 α 和 β 是常数（要证明只有这种形式的函数才能满足它，虽然不那么容易，但也是可能的）。

下面是具体的说明。假定深度 d 是一个下降物体从静止开始因重力加速下降并需要经过时间 t 才能到达的距离。假设我们对物理学一无所知，尤其是对距离和加速度之间是如何联系的知识一无所知，只知道两者均是以比例尺度的方式进行测量。然后从刚刚提到的论点出发，我们能够确定的关系形式为 $d=\alpha t^\beta$，α 和 β 为未知常数。这是正确的，通过观察降落来收集数据，实际上真正的关系是 $d=gt^2$，其中 g 是重力加速度。

这些概念可以推广到其他测量尺度，例如区间尺度和顺序尺度，在给定尺度类型的情况下，产生定律必须满足的各种形式。

在第 3 章的末尾，我提到了 6 种基本比例尺度（即电荷、温度、质量、长度、时间和角度）的物理性质。任何描述某种物理现象的公式都必须是一致的。这意味着导致函数形式 $f(x)=\alpha x^\beta$ 的参数必须适用于任何公式中的参数，并且公式必须在这些属性方面保持一致。例如，公式不能一边是长度，而另一边则是长度的平方。这些观点创造出一种非常强大的工具，被称为维度分析（dimensional analysis），可用于为物理关系的形式提供建议，以及对该建议的模型进行检测。

应该提一下，有些公式在维度上是不一致的。例如，有一个用于儿童健康的经典公式，指出"4 岁的孩子是正方形的"。这意味着，对于这些孩子来说，身高等于体重。但只有当身高以英寸为单位，体重以磅为单位时，这一点才成立（而且也只是大致成立）。它对单位的变化不是不变的，因此不能成为一个真正的物理关系。然而，这确实是这些维度不一致的公式的关键。在这种情况下，它可以作为判断一个孩子是否正在茁壮成长（或者，至少它曾经是，在那些身高和体重是以英制单位来测量的国家）的一个有用的启发性指导。

结论

正如我在本书中反复强调的那样，测量为我们提供了一个观察世界的窗口。我们将复杂的情况映射到简化的、可以用测量定义的模型，然后可以通过模型来调查、预测、探索、理解和控制世界。这对于贸易和商业、政府和政治、医学和科学，以及生活的所有其他方面来说都是如此，甚至对于体育运动来说也是如此。在体育运动中，对运动员表现的精确测量也使得各种体育活动（包括棒球、足球、自行车和田径）得到逐步改进。

在本书的几处叙述中，我曾指出，人们常常对扩大测量观念范围的努力持怀疑甚至更糟的态度。这种情况贯穿整个人类历史。早期的医学研究者拒绝测量像心率这样明显定量的（至少对我们来说是如此）问题。甚至连阿道夫·凯特勒也划清了界限，他说："像谈论两个人的身材那样去说一个人的勇气与另一个人的勇气之比为五比六，这是荒谬的。如果一个几何学家声称计算出了荷马与维吉尔的智力之比为三比二，我们难道不应该嘲笑他吗？"

理查德·施莱奥克对此解释道：

人们会感觉到测量以某种方式剥夺了人类所有神秘或美丽的现象，并否定了调查人员对古老感官印象和直觉理解的满足。这种感觉通常出现在当任何学科第一次感受到量化的威胁时。史蒂文斯博士（Dr. Stevens）将其与当前的心理学联系起来，称之为"一种渴望浪漫的怀旧之痛，这种渴望永远难以理解"。

　　然而，渐渐地，每一个这样的反对意见都陷落在了不可阻挡的测量进程之中。说服怀疑者的并不是严谨的论证，而仅仅是让他们看到通过测量都可以实现什么。西奥多·波特（Theodore Porter）总结道："重要的是要补充一点，对可以量化的事物没有固定的限制，对一个大问题进行细致入微或深刻的分析，从逻辑上也会因为试图量化部分问题而被逻辑排除在外。"

　　我引用了 16 世纪物理学家、数学家、等号发明者罗伯特·雷科德的话开启了这本书的写作。现在，我将引用西奥多·波特描述数学家、生物统计学家卡尔·皮尔逊（Karl Pearson）的话作为本书的结语："卡尔·皮尔逊既不是第一个，也不会是最后一个崇拜量化的人，他认为量化是科学方法不可或缺的一部分。它的吸引力来自它的客观性、纪律性和规则性。利用这些材料，科学创造了一个世界。"

参考文献

第 1 章　发展简史

Alder, K. (2002) *The Measure of All Things: The Seven-Year Odyssey that Transformed the World*. London: Little, Brown (p. 342).

Alexander, J. H. (1850) *Universal Dictionary of Weights and Measures*. Baltimore: William Minifie and Co.

Condorcet, Nicolas de (1793) *Observations sur le 29ième livre de l'Esprit des lois*, in *Oeuvres*. Paris: Didot, 1847 (pp. 376-81).

Harrington, R (1804) *The Death-Warrant of the French Theory of Chemistry*. London (p. 217).

Koebel, Jacob (1570) *Geometrei von kiinstlichem Feldmessen*. <http://reader.digitale-sammlungen.de/de/fsl/object/display/bsb11110899_00010.html> (accessed 6 February 2016).

Laming, D. (2002) Review of 'Measurement in Psychology: A Critical History of a Methodological Concept'. *Quarterly Journal of Experimental Psychology* A, 55: 689-92.

Montesquieu, Charles de Secondat, baron de (1721) *Lettres persanes*. Trans. John Davidson. London: George Routledge and Sons (Letter CXII).

Thomson, W. (1891) *Popular Lectures and Addresses*. London: Macmillan (vol. 1 pp. 80-1).

UNICEF (2013) *Every Child's BirthRight: Inequities and Trends in Birth Registration*, United Nations Children's Fund, New York. <http://www.unicef.org/mena/MENA-Birth_Registration_report_low_res-01.pdf>.

Young, A. (1794) *Travels During the Years* 1787, 1788, *and* 1789. 2nd edn, London (vol. 1 pp. 315-16).

第2章　什么是测量?

Alder, K. (2002) *The Measure of All Things: The Seven-Year Odyssey that Transformed the World*. London: Little, Brown (p. 342).

Apgar V. (1953) 'A Proposal for a New Method of Evaluation of the Newborn Infant'. *Current Researches in Anesthesia and Analgesia* (July-August): 260.

Bridgman, P. W. (1927) *The Logic of Modern Physics*. New York: Macmillan.

Fayers, P. M. and Hand, D. J. (2002) 'Causal Variables, Indicator Variables, and Measurement Scales, with Discussion'. *Journal of the Royal Statistical Society*, *Series A*, 165: 233-61.

Gould, S. J. (1996) *The Mismeasure of Man*. London: Penguin Books.

Mill, J. S. (ed.) (1869) *Analysis of the Phenomena of the Human Mind*, *Volume II*. London: Longmans, Green, Reader, and Dyer (footnote to ch.XIV).

第4章　生命科学、医学与健康领域中的测量

Fayers, P. and Machin, D. (2000) *Quality of Life: Assessment, Analysis, and Interpretation*. Chichester: Wiley.

NYHA (1994) The Criteria Committee of the New York Heart Association. *Nomenclature and Criteria for Diagnosis of Diseases of the Heart and Great Vessels*. 9th edn. Boston: Little, Brown & Co. (pp. 253-6).

Rehabilitation Institute of Chicago (2010) *Rehab Measures: Sickness Impact Profile*. ⟨http: //www.rehabmeasures.org/Lists/RehabMeasures/

PrintView.aspx？ID=955>（accessed 28 May 2015）.

第5章 行为科学领域中的测量

de Vet H. C. W., Terwee, C. B., Mokkink, K. B., and Knol, D. L.（2011）*Measurement in Medicine*. Cambridge：Cambridge University Press.

Ekman, G. and Sjöberg, L.（1965）'*Scaling*'. *AnnualReview of Psychology*, 16：451-74.

Hogan, R. and Nicholson, R. A.（1988）'The Meaning of Personality Test Scores'. *American Psychologist*, 43：621-6.

von Kries, J.（1882）'Uber die Messung intensiver Grössen und über das sogenannte psycholophysische Gesetz'. *Vierteljahrsschrift für Wissenschaftliche Philosophie*, 6：257-94.

第6章 社会科学、经济学、商业与公共政策领域中的测量

Blastland, M. and Dilnot, A.（2007）*The Tiger That Isn't*. London：Profile Books.

Boole, G.（1854）*An Investigation of the Laws of Thought on Which are Founded the Mathematical Theories of Logic and Probabilities*. Project Gutenberg, 2005.

Hand, D. J. and Blunt, G.（2009）'Estimating the Iceberg: How Much Fraud is there in the UK？' *Journal of Financial Transformation*, 25/1：19-29.

Kennedy, R（1968）University of Kansas address, 18 March 1968. <http: //www.youtube.com/watch？v=z7-G3PC_868>（accessed 15 August 2015）.

Quetelet, M.A.（1842）*A Treatise on Man*：*And the Development of his Faculties*. *Edinburgh*.（Originally published in French, 1835, as

Sur l'homme et le developpement de ses facultes, *ou Essai de physique sociale*）.

Stiglitz，J. E.，Sen，S.，and Fitoussi，J. -P.（2010）*Report of the Commission on the Measurement of Economic Performance and Social Progress* at <http：//www.stat.si/doc/drzstat/Stiglitz%20report.pdf>（accessed 15 August 2015）.

第 7 章　测量与理解

Porter，T. M.（1995）*Trust in Numbers：The Pursuit of Objectivity in Science and Public Life*. Princeton：Princeton University Press.

Quetelet，M. A.（1842）*A Treatise on Man：And the Development of his Faculties*. Edinburgh.（Originally published in French，1835，as *Sur l'homme et le développement de ses facultés*，*ou Essai de physique sociale*）.

Shryock，R H.（1961）'*The History of Quantification in Medical Science*'. In H. Woolf（ed.），*Quantification：A History of the Meaning of Measurement in the Natural and Social Sciences*. Indianapolis：Bobbs Merrill（pp. 85‑107）.

延伸阅读

本部分列出了一些更深入的阅读材料，涉及每章的主题。

第 1 章　发展简史

Klein，H. A.（1974）*The Science of Measurement*：A Historical Survey. New York：Dover Publications.

Kula，W.（1986）*Measures and Men*. Princeton：Princeton University Press.

第 2 章　什么是测量？

Hand，D. J.（2004）*Measurement Theory and Practice*：*The World through Quantification*. Chichester：Wiley.

Roberts，F. S.（1979）*Measurement Theory*，*with Applications to Decisionmaking*，*Utility*，*and the Social Sciences*. Reading，Mass.：Addison‑Wesley.

第 3 章　物理科学与工程学中的测量

Chang，H.（2004）*Inventing Temperature*：*Measurement and Scientific Progress*. Oxford：Oxford University Press.

de Grijs，R（2011）*An Introduction to Distance Measurement in Astronomy*. Chichester：Wiley.

Keithley，J. F.（1999）*The Story of Electrical and Magnetic Measurements*：*From 500 BC to the 1940s*. New York：IEEE Press.

第 4 章　生命科学、医学与健康领域中的测量

de Vet，H. C. W.，Terwee，C. B.，Mokkink，K. B.，and Knol，D. L.（2011）*Measurement in Medicine*. Cambridge：Cambridge University Press.

Feinstein，A. R.（1987）*Clinimetrics*. New Haven：Yale University Press.

McDowell，I. and Newell，C.（1996）*Measuring Health*：*A Guide to Rating Scales and Questionnaires*. Oxford：Oxford University Press.

第 5 章　行为科学领域中的测量

Allen，M. J. and Yen，W. M.（1979）*Introduction to Measurement Theory*. Monterey，Calif：Brooks/Cole Publishing Company.

Bartholomew，D. J.（2004）*Measuring Intelligence*：*Facts and Fallacies*. Cambridge：Cambridge University Press.

Laming，D.（1997）*The Measurement of Sensation*. Oxford：Oxford University Press.

第 6 章　社会科学、经济学、商业与公共政策领域中的测量

Allin，P. and Hand，D. J.（2014）The *Wellbeing of Nations*：*Meaning，Motive，and Measurement*. Chichester：John Wiley and Sons.

Bartholomew，D. J.（ed.）（2006）*Measurement*. Los Angeles：Sage Publications.

Temple，P.（2003）*First Steps in Economic Indicators*. Boston：Prentice-Hall.

第 7 章　测量与理解

Langville，A. N. and Meycr，C. D.（2012）*Who's #1*？ *The Science of*

Rating and Ranking. Princeton：Princeton University Press.

Palmer，A. C.（2008）*Dimensional Analysis and Intelligent Experimentation*. Singapore：World Scientific.

索 引 [1]

---

[1] 本索引根据中文翻译进行了个别修正。——译者注

"大卫·J.汉德所著的这本引人入胜的《测量——从自然科学到社会科学》标志着牛津通识读本系列第 500 本的正式出版。该书提供了一个极好的视角，通过它可以看到科学和社会的发展历史，因为它试图把周围的世界变得"数字化"。

——马库斯·杜·索托伊，英国皇家学会研究员，著有《悠扬的素数》和《知识前沿的探索》。

图书在版编目（CIP）数据

测量：从自然科学到社会科学 /（英）大卫·J. 汉德著；中国计量科学研究院译 . —北京：中国质量标准出版传媒有限公司，2021.12
（国家质量基础设施（NQI）系列研究丛书）
书名原文：Measurement: A Very Short Introdution
ISBN 978-7-5026-4956-2

Ⅰ. ①测… Ⅱ. ①大… ②中… Ⅲ. ①测量—研究 Ⅳ. ① TB22

中国版本图书馆 CIP 数据核字（2021）第 126265 号

"Measurement: A Very Short Introduction" was originally published in English in 2016. This translation is published by arrangement with Oxford University Press. China Quality and Standards Publishing & Media Co., Ltd is solely responsible for this translation from the original work and Oxford University Press shall have no liability for any errors, omissions or inaccuracies or ambiguities in such translation or for any losses caused by reliance thereon.

《测量——从自然科学到社会科学》于 2016 年首次以英文出版。中文版由牛津大学出版社授权出版。中国质量标准出版传媒有限公司（中国标准出版社）对翻译质量负责。牛津大学出版社对译文中的任何错误、遗漏、不准确或歧义，以及由于译文而造成的任何损失，概不负责。

北京市版权局著作权合同登记图字：01-2021-1806 号

中国质量标准出版传媒有限公司 出版发行
中 国 标 准 出 版 社
北京市朝阳区和平里西街甲 2 号（100029）
北京市西城区三里河北街 16 号（100045）
网址：www. spc. net. cn
总编室：（010）68533533 发行中心：（010）51780238
读者服务部：（010）68523946
中国标准出版社秦皇岛印刷厂印刷
各地新华书店经销
＊
开本 710×1000 1/16 印张 7.5 字数 108 千字
2021 年 12 月第一版 2021 年 12 月第一次印刷
＊
定价：60.00 元